高等职业教育土木建筑类专业教材

建筑施工技术综合实务

主 编 张 超 赵 航
参 编 肖青战
主 审 武 强

北京理工大学出版社
BEIJING INSTITUTE OF TECHNOLOGY PRESS

内容提要

本书是为适应高职高专院校建筑工程技术专业建筑施工技术实训的教学需要而编写的。全书共分为八个项目，主要内容包括土方工程、地基处理与桩基础工程、钢筋工程、模板工程、混凝土工程、砌体工程、脚手架工程、装饰装修工程等。

本书可作为高职高专院校建筑工程技术专业教学用书，也可供工程建设管理和施工人员参考使用。

版权专有　侵权必究

图书在版编目（CIP）数据

建筑施工技术综合实务 / 张超，赵航主编. —北京：北京理工大学出版社，2023.8重印
ISBN 978-7-5682-4834-1

Ⅰ.①建… Ⅱ.①张… ②赵… Ⅲ.①建筑施工－工程施工－高等学校－教材 Ⅳ.①TU74

中国版本图书馆CIP数据核字(2017)第221669号

出版发行 / 北京理工大学出版社有限责任公司

社　　址 / 北京市丰台区四合庄路6号院

邮　　编 / 100070

电　　话 / （010）68914775（总编室）

　　　　　（010）82562903（教材售后服务热线）

　　　　　（010）68944723（其他图书服务热线）

网　　址 / http://www.bitpress.com.cn

经　　销 / 全国各地新华书店

印　　刷 / 北京紫瑞利印刷有限公司

开　　本 / 787毫米×1092毫米　1/16

印　　张 / 10　　　　　　　　　　　　　　　　　　责任编辑 / 李玉昌

字　　数 / 224千字　　　　　　　　　　　　　　　　文案编辑 / 瞿义勇

版　　次 / 2023年8月第1版第3次印刷　　　　　　　　责任校对 / 周瑞红

定　　价 / 39.00元　　　　　　　　　　　　　　　　责任印制 / 边心超

图书出现印装质量问题，请拨打售后服务热线，本社负责调换

前　言

建筑施工技术实训是建筑工程类相关专业的一门主干实训课程。其主要目的是培养学生在施工技术方面的基本知识和操作技能，巩固学生对分部分项工程的施工工艺、技术要求、质量验收标准、质量通病防治及安全技术措施等方面的认识和理解，便于学生在将来的技术工作中能够及时发现和解决工程施工中的实际问题，使学生获得进入工作岗位的初步工作能力，为将来的工作打好基础，做好铺垫。

本书在编写过程中以高职高专院校建筑工程类建筑施工技术实训课程标准为依据，注重结合建筑工程类专业实训环境，并参考了土建行业职业资格要求，对建筑施工技术实训项目进行了合理设置，力求使实训项目具备实践性和可操作性。

本书在编写项目内容时，明确了实训目的和实训内容，设置了实训认知、知识链接、沙场点兵、实训自评四大环节。

1. 实训认知环节。通过参观施工现场和实训场所，结合指导教师现场认知讲解，让学生直观了解项目实训的相关知识点。

2. 知识链接环节。对项目实训内容进行分解，设置了一些基础性问题，便于学生巩固所学的理论知识，更好地指导实践。

3. 沙场点兵环节。利用学校实训条件，合理设置实操项目，引导学生将所学的专业知识和专业技能运用到具体的操作中。

4. 实训自评环节。通过学生填写实训自评表，了解学生对实训任务的完成程度，使教师能及时进行教学效果分析，提高教学质量，也便于学生查漏补缺。

本书由陕西工业职业技术学院张超、赵航担任主编，陕西工业职业技术学院肖青战参与了本书部分章节的编写工作。具体编写分工为：项目一由肖青战编写；项目二、项目四、项目五、项目六由张超编写；项目三、项目七、项目八由赵航编写。全书由陕西工业职业技术学院武强主审。

前言

本书在编写过程中受到了陕西工业职业技术学院土木工程学院各位领导和老师的大力帮助,在此表示衷心感谢。

由于编者水平有限,书中难免存在不足之处,衷心欢迎使用本书的读者和同行批评指正。

编 者

目 录

项目1 土方工程 …………… 1
  1.1 实训目的 …………… 1
  1.2 实训内容 …………… 1
  1.3 实训认知 …………… 1
  1.4 知识链接 …………… 2
    1.4.1 建筑施工土石方工程安全
        技术措施 …………… 2
    1.4.2 土方工程开挖准备工作 … 5
    1.4.3 土方开挖工程量的计算 … 9
    1.4.4 基坑支护 …………… 13
    1.4.5 人工降排地下水的施工
        技术 …………… 16
    1.4.6 土方的填筑与夯实 …… 18
  1.5 沙场点兵 …………… 19
    1.5.1 到施工现场参观土方工程
        施工过程 …………… 19
    1.5.2 土方量计算 …………… 20
  1.6 实训自评 …………… 20

项目2 地基处理与桩基础工程 …… 21
  2.1 实训目的 …………… 21
  2.2 实训内容 …………… 21
  2.3 实训认知 …………… 21
  2.4 知识链接 …………… 22
    2.4.1 基坑验槽 …………… 22
    2.4.2 地基加固处理 …………… 24
    2.4.3 混凝土预制桩施工 …… 29

    2.4.4 混凝土灌注桩施工 …… 31
    2.4.5 桩基检测 …………… 33
  2.5 沙场点兵 …………… 35
    2.5.1 到施工现场参观地基处理过程
        和桩基础施工过程 …… 35
    2.5.2 分析并解决地基处理与桩基础
        工程常见的质量问题 …… 36
  2.6 实训自评 …………… 36

项目3 钢筋工程 …………… 38
  3.1 实训目的 …………… 38
  3.2 实训内容 …………… 38
  3.3 实训认知 …………… 38
  3.4 知识链接 …………… 39
    3.4.1 钢筋的种类及验收 …… 39
    3.4.2 钢筋的性质 …………… 40
    3.4.3 钢筋下料计算 …………… 40
    3.4.4 钢筋的代换 …………… 41
    3.4.5 钢筋加工 …………… 43
    3.4.6 钢筋的连接 …………… 45
    3.4.7 钢筋绑扎工程施工工艺 … 46
  3.5 沙场点兵 …………… 53
  3.6 实训自评 …………… 54

项目4 模板工程 …………… 55
  4.1 实训目的 …………… 55
  4.2 实训内容 …………… 55

4.3　实训认知 …………………… 55
　　4.4　知识链接 …………………… 56
　　　　4.4.1　模板的分类 ………… 56
　　　　4.4.2　模板的构造 ………… 57
　　　　4.4.3　模板的拆除 ………… 65
　　4.5　沙场点兵 …………………… 66
　　4.6　实训自评 …………………… 72

项目5　混凝土工程 ……………… 73
　　5.1　实训目的 …………………… 73
　　5.2　实训内容 …………………… 73
　　5.3　实训认知 …………………… 73
　　5.4　知识链接 …………………… 74
　　　　5.4.1　混凝土的组成材料 … 74
　　　　5.4.2　混凝土的主要指标 … 75
　　　　5.4.3　混凝土配料 ………… 76
　　　　5.4.4　混凝土的搅拌及运输 … 78
　　　　5.4.5　混凝土浇筑与振捣 … 82
　　　　5.4.6　混凝土的养护 ……… 86
　　　　5.4.7　混凝土的质量检查 … 86
　　　　5.4.8　混凝土的缺陷与处理 … 88
　　5.5　沙场点兵 …………………… 89
　　　　5.5.1　回弹法检测混凝土的强度 … 89
　　　　5.5.2　到施工现场或商品混凝土
　　　　　　　站参观实习 …………… 93
　　　　5.5.3　分析并解决混凝土常见质量
　　　　　　　问题 …………………… 94
　　5.6　实训自评 …………………… 96

项目6　砌体工程 ………………… 97
　　6.1　实训目的 …………………… 97
　　6.2　实训内容 …………………… 97
　　6.3　实训认知 …………………… 97
　　6.4　知识链接 …………………… 98
　　　　6.4.1　砌体材料 …………… 98

　　　　6.4.2　砖砌体施工 ………… 100
　　　　6.4.3　中小型砌块砌体施工 … 106
　　　　6.4.4　砌筑工程冬期施工 … 107
　　6.5　沙场点兵 …………………… 108
　　　　6.5.1　砌筑实训 …………… 108
　　　　6.5.2　分析并解决砌体工程常见
　　　　　　　质量问题 ……………… 112
　　6.6　实训自评 …………………… 112

项目7　脚手架工程 ……………… 114
　　7.1　实训目的 …………………… 114
　　7.2　实训内容 …………………… 114
　　7.3　认知实训 …………………… 114
　　7.4　知识链接 …………………… 115
　　　　7.4.1　脚手架认知 ………… 115
　　　　7.4.2　构造认知 …………… 121
　　　　7.4.3　脚手架搭设工艺 …… 127
　　7.5　沙场点兵 …………………… 128
　　　　7.5.1　脚手架的搭设实训 … 128
　　　　7.5.2　问题纠错 …………… 130
　　7.6　实训自评 …………………… 132

项目8　装饰装修工程 …………… 133
　　8.1　实训目的 …………………… 133
　　8.2　实训内容 …………………… 133
　　8.3　实训认知 …………………… 133
　　8.4　知识链接 …………………… 134
　　　　8.4.1　楼地面工程 ………… 134
　　　　8.4.2　墙面工程 …………… 140
　　　　8.4.3　吊顶工程 …………… 145
　　8.5　沙场点兵 …………………… 152
　　8.6　实训自评 …………………… 153

参考文献 ………………………… 154

项目 1 土方工程

1.1 实训目的

熟悉土的工程性质,掌握土方工程量的计算方法;能够灵活选择土方工程施工机械;熟悉土方边坡施工坡度的影响因素及支护方法;能根据施工图纸合理地选择边坡开挖及支护方案;掌握土方工程施工验收的质量标准及检查方法。

1.2 实训内容

1. 学习现行《建筑施工土石方工程安全技术规范》(JGJ 180—2009)、《建筑地基基础工程施工质量验收规范》(GB 50202—2002)等有关土方工程的安全施工技术要求和工艺的基本知识。
2. 参观实训室,了解土及各种岩石矿物的成因及性质。
3. 在实训室中按图纸相关内容完成相应项目的土方工程量计算并汇总,掌握常规基坑、沟槽、场地平整等工程的土方计算方法。
4. 参观实训室中各建筑施工机械模型,了解其工作原理、方式及使用。
5. 到施工现场、基坑工程现场参观实习,了解边坡形式及支护方法。

1.3 实训认知

参观施工现场、基坑工程现场,通过指导老师现场认知讲解,了解土方施工相关知识点。收集以下图片。

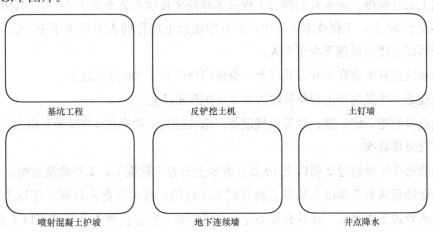

| 基坑工程 | 反铲挖土机 | 土钉墙 |
| 喷射混凝土护坡 | 地下连续墙 | 井点降水 |

1.4 知识链接

1.4.1 建筑施工土石方工程安全技术措施

1. 施工企业资质

(1)要求:土石方工程施工企业的施工管理能力和安全管理能力是保障工程安全的首要前提,故要求企业具备相应的施工资质和安全生产许可证。

(2)资质等级:土石方工程专业承包企业资质分为一级、二级、三级。

1)一级资质标准:

①企业近5年承担过2项以上100万立方米或5项以上50万立方米土石方工程施工,工程质量合格。

②企业经理具有10年以上从事工程管理工作经历或具有高级职称;总工程师具有10年以上从事土石方施工技术管理工作经历,并具有相关专业高级职称;总会计师具有中级以上会计职称。企业有职称的工程技术和经济管理人员不少于60人,其中,工程技术人员不少于50人;工程技术人员中,具有中级以上职称的人员不少于20人。企业具有的一级资质项目经理不少于5人。

③企业注册资本金在1 500万元以上,企业净资产在1 800万元以上。

④企业近3年最高年工程结算收入在3 000万元以上。

⑤企业具有挖、铲、推、运等机械设备,总机械装备功率在10 000瓦以上。

2)二级资质标准:

①企业近5年承担过2项以上40万立方米或5项以上10万立方米土石方工程施工,工程质量合格。

②企业经理具有8年以上从事工程管理工作经历或具有中级以上职称;技术负责人具有8年以上从事土石方施工技术管理工作经历,并具有相关专业高级职称;财务负责人具有中级以上会计职称。企业有职称的工程技术和经济管理人员不少于40人,其中,工程技术人员不少于30人;工程技术人员中,具有中级以上职称的人员不少于10人。企业具有的二级资质以上项目经理不少于5人。

③企业注册资本金在800万元以上,企业净资产在1 000万元以上。

④企业近3年最高年工程结算收入在2 000万元以上。

⑤企业具有挖、铲、推、运等机械设备,总机械装备功率在5 000千瓦以上。

3)三级资质标准:

①企业近5年承担过2项以上10万立方米土石方工程施工,工程质量合格。

②企业经理具有5年以上从事工程管理工作经历;技术负责人具有5年以上从事土石方施工技术管理工作经历,并具有相关专业高级职称;财务负责人具有初级以上会计职称。

企业有职称的工程技术和经济管理人员不少于20人,其中,工程技术人员不少于15人;工程技术人员中,具有中级以上职称的人员不少于5人。企业具有的三级资质以上项目经理不少于5人。

③企业注册资本金在300万元以上,企业净资产在400万元以上。

④企业近3年最高年工程结算收入在1 000万元以上。

⑤企业具有挖、铲、推、运等机械设备,总机械装备功率在2 000千瓦以上。

(3)各企业资质能够承包工程范围:

1)一级企业:可承担各类土石方工程的施工。

2)二级企业:可承担单项合同额不超过企业注册资本金5倍,且60万立方米及以下的土石方工程的施工。

3)三级企业:可承担单项合同额不超过企业注册资本金5倍,且15万立方米及以下的土石方工程的施工。

练习1:毕业后小明同学准备成立一家土石方施工企业,哪一种企业资质要求较低?若申请相关资质需要具备哪些条件?

_____
_____
_____
_____
_____
_____
_____
_____

练习2:小明毕业十年后,经过多年打拼,成立了一家一级资质的建筑安装施工企业。现××校精艺楼由××省第三建筑工程公司总承包,××省第三建筑工程公司准备将××校精艺楼的土方工程分包招标,××省第三建筑工程公司的做法是否合法?小明听闻此消息,准备参与此次分包施工投标,小明成立的企业能否通过相应投标资质审查?

_____
_____
_____
_____
_____
_____

2. 专项施工方案

土石方工程在施工中易发生安全事故,为对安全风险进行预控,故规定需要事先编制专项施工安全方案,必要时由专家进行论证。

3. 技术交底与安全教育

施工前应针对安全风险进行安全教育及安全技术交底。特种作业人员必须持证上岗,机械操作人员应经过专业技术培训。

4. 安全隐患意识培养

(1)施工现场发现危及人身安全和公共安全的隐患时,必须立即停止作业,排除隐患后方可恢复施工。

(2)施工中发现安全隐患时,要及时整改。当发现有危及人身安全和公共安全的隐患时,要立即停止作业,以避免事故的发生;在采取措施排除隐患后,才能恢复施工。防止出现冒险蛮干的现象。

(3)在土石方施工过程中,当发现古墓、古物等地下文物或其他不能辨认的液体、气体及异物时,应立即停止作业,做好现场保护,并报有关部门处理后方可继续施工。

(4)根据国家有关法律、法规的规定,如发现古墓、古物等文物要立即停止施工并报告相关部门进行文物鉴定和保护。发现异常气体、液体、异物时也要立即停止作业,待专业人员检测无害后方可继续开挖,防止发生意外伤害事故。

练习3:在××材料学院学习材料成型与焊接工艺的小强准备到某施工企业应聘焊工,小强能否直接上岗,上岗前需要具备什么条件?

_____
_____
_____
_____
_____

练习4:学习建筑工程技术专业的小明在工地上经过两年技术员的工作历练,具备了丰富的施工经验和较强的工作能力,施工企业准备任命小明为项目经理。小明要具备何种条件才能胜任项目经理的工作并满足法律要求?

_____
_____
_____
_____
_____
_____

练习 5：小明在咸阳××工程项目部任技术总工，在某工地土方开挖的过程中遇到了古墓，古墓中有许多壁画隐约可见，还意外地发现了许多金币。小明为了不延误工期，在施工后将金币交给了文物保护部门，并对古墓进行了铲除回填作业。试分析小明的处理方式有何不妥之处？

_____
_____
_____
_____
_____
_____

1.4.2 土方工程开挖准备工作

1. 土的工程性质

土既然是散碎颗粒的集合体，颗粒间必然存在着孔隙，而孔隙中也必然包含着水或空气。因此，土是由土颗粒(固相)、水(液相)和空气(气相)组成的三相体。

土是岩石风化后的产物，是岩石经过外力地质作用而形成的碎散颗粒的集合体。

工程中不同的土，其坚硬程度不同，根据开挖的难易程度，施工过程中将土分为_____类，分别为_____、_____、_____、_____、_____、_____、_____。

土的工程性能包括内摩擦角、土抗剪强度、黏聚力、土的天然含水量、土的天然密度、土的干密度、土的密实度和土的可松性等。

2. 开挖机具

(1)推土机。推土机(图 1-1)操纵灵活、运转方便、所需工作面小、行驶速度快，能爬30°左右的坡。其适用于_____
_____
_____
_____
_____

(2)铲运机。铲运机(图 1-2)操纵简单、运转方便、行驶速度快、生产效率高，是能独立完成铲土、运土、卸土、填筑、压实等全部土方施工工序的施工机械。其适用于_____
_____
_____
_____
_____

图 1-1 推土机　　　　　　　　　　　图 1-2 铲运机

(3)单斗挖土机。单斗挖土机主要用于挖掘基坑、沟槽，清理和平整场地，更换工作装置后还可进行装卸、起重、打桩等其他作业，能一机多用，工效高、经济效果好，是工程建设中的常用机械。

挖土机按行走方式分为_____和_____，按工作装置分为_____、_____、_____、_____，斗容量为 0.1～2.5 m³。常用的挖土机有正铲挖土机和反铲挖土机。

1)正铲挖土机。正铲挖土机(图 1-3)适用于开挖含水量较小的一类土和经爆破的岩石及冻土。其主要用于开挖停机面_____(以上/以下)的土方，且需与汽车配合完成土方的挖运工作，其工作特点是："向前向上，强制切土"。采用正铲挖土机开挖大型基坑，应考虑工作面的大小、形状和开行通道的设置。

 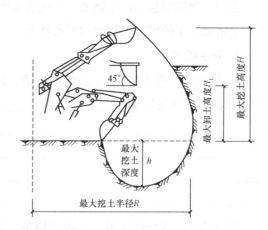

图 1-3 正铲挖土机

2)反铲挖土机。反铲挖土机(图 1-4)适用于开挖一～三类的砂土或黏土。主要用于开挖停机面_____(以上/以下)的土方，一般反铲挖土机的最大挖土深度为 4～6 m，经济、合理的挖土深度为 3～5 m。反铲挖土机也需要配备运土汽车进行运输，其工作特点是："向后向下、强制切土"。

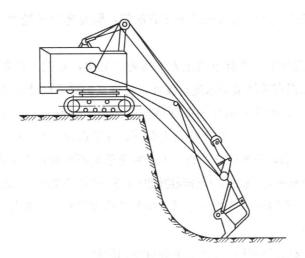

图1-4 反铲挖土机

3）拉铲挖土机。拉铲挖土机（图1-5）的挖土特点是："后退向下，自重切土"。其挖土半径和挖土深度较大，能开挖停机面_____（以上/以下）的Ⅰ～Ⅱ级土。工作时，利用惯性力将铲斗甩出去，挖得比较远，但不如反铲灵活、准确，适用于开挖大而深的基坑或水下挖土。

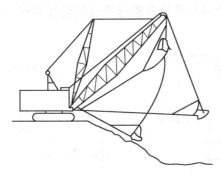 

图1-5 拉铲挖土机

4）抓铲挖土机。抓铲挖土机（图1-6）的挖土特点是："后退向下，自重切土"。适用于开挖停机面_____（以上/以下）的一～二类土方，特别适合水下挖土及深而窄的基槽，但操作不够灵活。

在工程施工中应合理选择土方施工机械，保证安全、高效且按期完成工作。

3. 土方开挖原则

在施工前，需根据工程规模和特性、地形、地质、水文、气象等自然条件，工

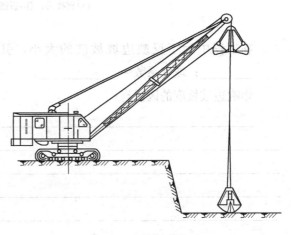

图1-6 抓铲挖土机

程进度要求，施工条件以及可能采用的施工方法等，研究选定开挖方式。为了保证施工安全应遵守以下原则：

(1)在施工组织设计中，要有单项土方工程施工方案，对施工准备、开挖方法、放坡、排水、边坡支护应根据有关规范要求进行设计，边坡支护要有设计计算书。

(2)人工挖基坑时，操作人员之间要保持安全距离，一般大于 2.5 m；多台机械开挖，挖土机之间的距离应大于 10 m，挖土要自上而下，逐层进行，严禁先挖坡脚的危险作业。

(3)挖土方前对周围环境要认真检查，不能在危险岩石或建筑物下面进行作业。

(4)基坑开挖应严格按要求放坡，操作时应随时注意坡的稳定情况，发现问题及时加固处理。

(5)机械挖土，多台阶同时开挖土方时，应验算边坡的稳定。根据规定和验算确定挖土机高边坡的安全距离。

(6)深基坑四周设防护栏杆，人员上下要有专用爬梯。

(7)运土道路的坡度、转弯半径要符合有关安全规定。

(8)爆破土方要遵守爆破作业安全的有关规定。

(9)土方开挖的顺序、方法必须与设计要求相一致，并遵循_____的原则。

4. 基坑工程土方开挖边坡留置

基坑开挖可根据勘察报告，依据土层的类别与性质合理选择边坡留置形式，边坡可做成直线形、折线形或踏步形(图 1-7)。

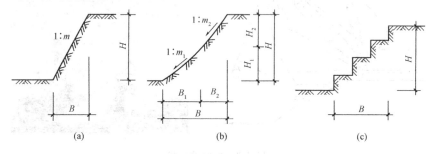

图 1-7 边坡开挖形式

(a)直线形；(b)折线形；(c)踏步形

在工程中为了反映边坡坡度的大小，引入了坡度及坡度系数两个参数：坡度＝_____；坡度系数＝_____。

影响边坡坡度的因素有：

_____

_____

_____

_____

施工过程中应综合考虑以上因素，选择合适的边坡坡度或支护形式。边坡坡度较大、条件复杂，可采用土力学的方法进行稳定性分析。

基坑开挖完成后，边坡应采取坡面保护（水泥砂浆抹面、浆砌片石护坡、塑料膜覆盖、钢筋网喷浆护面等措施），永久边坡应采取永久性加固措施。

为了安全，施工过程中在沟、坑顶堆放泥土、材料至少要距边沿 1.2 m 以上，高度不超过 1.5 m，或经计算确定。

1.4.3 土方开挖工程量的计算

1. 沟、渠类工程量的计算

基槽、渠、路堤等的土方量计算，常用断面法，基槽断面如图 1-8 所示，其计算公式为

$$V = V_1 + V_2 + \cdots V_{n-1} = \frac{A_1+A_2}{2}I_1 + \frac{A_2+A_3}{2}I_2 + \cdots + \frac{A_{n-1}+A_n}{2}I_{n-1}$$

当自然地面比较平整开挖基坑时，按拟柱体体积公式计算，如图 1-9 所示，其计算公式为

$$V = \frac{h}{6}(A_1 + 4A_0 + A_2)$$

式中　V——基坑土方体积；

A_1，A_2——基坑上、下底面面积；

A_0——基坑中部横截面面积；

h——基坑深度。

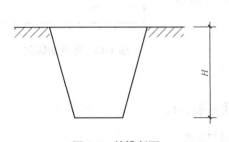

图 1-8　基槽断面

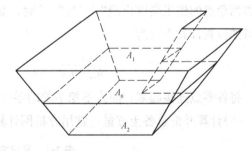

图 1-9　基坑体积

2. 场地平整土方量计算

(1)画方格网。

1)在地形图上将施工区域画出方格网，如图 1-10 所示；

2)根据地形变化程度及要求的计算精度确定方格网的边长，取 10～40 m；

3)在各方格的左上方逐一标出其角点的编号。

为方便下一步计算，应对各结点进行编号，如图 1-11 所示。

(2)确定各角点的地面标高。根据两相邻等高线，用插入法求得，或现场测量。

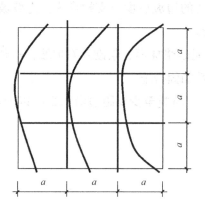 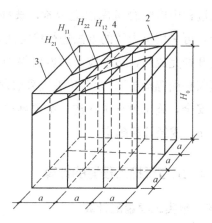

图 1-10 方格网法计算原理

图 1-11 结点编号示意

(3)确定各角点的设计标高。确定场地设计标高方法:由设计单位按竖向规划给定;挖填平衡原则由施工单位自行确定。

(4)计算零点并绘出零线。零点,即不挖、不填点。当相邻两角点的施工高度出现"+"与"-"时,如图 1-12 所示,零点的位置计算方法为

$$x = \frac{ah_A}{h_A + h_B}$$

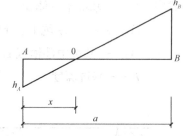

图 1-12 零点的确定

将各零点连接起来,即为不挖不填的零线。

(5)计算并汇总各土方量。常用方格网计算公式见表 1-1。

表 1-1 常用方格网计算公式

序号	平面图式	立体图式	计算公式
1			四点全为填方(挖方)时 $\pm V = \frac{a^2}{4}(h_1 + h_2 + h_3 + h_4)$

续表

序号	平面图式	立体图式	计算公式
2			两点填方，两点挖方时 $\pm V = \dfrac{a(b+c)}{8}\sum h$
3			三点填方（或挖方），一点挖方（或填方）时 $\pm V = \dfrac{b \times c \times \sum h}{6}$ $\pm V = \dfrac{(2a^2 - b \times c)\sum h}{10}$
4			相对两点为挖方（或填方），余下两点为填方（或挖方）时 $\pm V = \dfrac{b \times c \times \sum h}{6}$ $\pm V = \dfrac{(2a^2 - b \times c - d \times e)\sum h}{12}$

练习6：某基坑底为长方形，长为120 m，宽为45 m，深为7 m，四边放坡，边坡坡度系数为0.5，现场确定为二类土。

①试计算土方开挖工程量。

②若基础及地下室占用体积为18 000 m³，则应预留多少立方米回填土？

③如果用斗容量为3.5 m³的汽车外运，需要运多少车？

练习7：某场地进行平整，方格网尺寸为30 m×30 m，结点编号如图1-13所示，现场测绘得各结点的地面标高，从建筑设计总平面图得各结点的设计标高，方格网计算如图1-13所示，试计算总的挖方量与填方量，已知该土的$K_s=1.1$，$K'_s=1.05$，实际需运(来)走的土方量是多少？

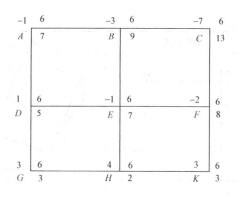

图1-13 某场地土方平整方格网划分情况

1.4.4 基坑支护

当基坑开挖无放坡条件或放坡无法保证周围建筑及管线安全时，应采用支护措施，保证基坑的土壁稳定。

常采用的支护形式有：_____
_____
_____

(1)横撑式支撑。开挖深而较窄的基槽、渠等多采用横撑式墙壁支撑。横撑式支撑根据挡土板的不同，分为断续式水平挡土板支撑、连续式水平挡土板支撑和连续式垂直挡土板支撑三种。

练习8：分别手绘断续式水平挡土板支撑、连续式水平挡土板支撑和连续式垂直挡土板支撑的工作原理简图。

(2)板桩支撑。板桩支撑可分为悬臂式板桩支撑(挡墙系统)和带支撑(拉锚系统)式板桩支撑。

1)悬臂式板桩支撑常用的有型钢、钢板桩、钢筋混凝土板桩、钢筋混凝土灌注桩、地下连续墙,少量也可采用木桩。

2)支撑系统一般可采用大型钢管、H型钢或格构式钢支撑,也可采用钢筋混凝土支撑。

练习9:悬壁板桩施工就是先将桩并排打入后,然后将桩内侧的土挖出,依靠插入土层的悬壁桩承受另一侧土压力,保护基坑不塌方的一种支护结构。根据以上原理手绘悬臂式板桩支撑的工作原理简图。

(3)地下连续墙。地下连续墙是利用一定的设备和机具,在泥浆护壁的条件下向地下钻挖一段狭长的深槽,在槽内吊放入钢筋笼,然后灌注混凝土筑成一段钢筋混凝土墙段,再把每一墙段逐个连接起来形成一道连续的地下墙壁。

请问:地下连续墙施工的流程是什么,修筑导墙(图1-14)有何作用?

图1-14 导墙施工

_____
_____
_____
_____

(4)土钉墙支护。土钉墙是由天然土体通过土钉就地加固并与喷射混凝土面板相结合,形成一个类似重力挡墙以此来抵抗墙后的土压力,从而保持开挖面的稳定,这个土挡墙称为土钉墙。土钉墙是通过钻孔、插筋、注浆来设置的,一般称砂浆锚杆,也可以直接打入角钢、粗钢筋形成土钉。

请问:土钉墙外立面上挂钢筋网片喷射混凝土有何作用?

_____
_____
_____
_____。

(5)旋喷桩支护。喷射注浆法又称旋喷法注浆,简称旋喷桩,二十世纪八九十年代在全国得到全面发展和应用,是一种化学加固边坡的方式,从受力上属于重力式挡墙支护。实践证明,此法对处理淤泥、淤泥质土、黏性土、粉土、砂土、人工填土和碎石土等有良好的效果。

旋喷桩是利用钻机将旋喷注浆管及喷头钻置于桩底设计高程,将预先配制好的浆液通过高压发生装置使液流获得巨大能量后,从注浆管边的喷嘴中高速喷射出来,形成一股能量高度集中的液流,直接破坏土体,喷射过程中,钻杆边旋转边提升,使浆液与土体充分搅拌混合,在土中形成一定直径的柱状固结体,从而使地基得到加固。

1.4.5 人工降排地下水的施工技术

降水工程必须按《危险性较大的分部分项工程安全管理办法》(建质[2009]87号文)的规定执行。开挖深度超过_____ m(含_____ m)或虽未超过_____ m但地质条件和周边环境复杂的降水工程,属于危险性较大的分部分项工程范围。开挖深度超过_____ m(含_____ m)的基坑(槽)的降水工程以及开挖深度虽未超过_____ m,但地质条件、周围环境和地下管线复杂,或影响毗邻建筑(构筑)物安全的基坑(槽)的降水工程,属于超过一定规模的危险性较大的分部分项工程范围。

1. 地下水控制技术方案选择

(1)地下水控制应根据工程地质情况、基坑周边环境、支护结构形式选用截水、降水、集水明排或其组合的技术方案。

(2)在软土地区开挖深度浅时,可边开挖边用排水沟和集水井进行集水明排。当基坑开挖深度超过3 m时,一般就要用井点降水;当因降水而危及基坑及周边环境安全时,宜采用截水或回灌方法。

(3)当基坑底为隔水层且层底作用有承压水时,应进行坑底突涌验算。必要时可采取水平封底隔渗或钻孔减压措施,保证坑底土层稳定,避免突涌的发生。

2. 人工降低地下水位施工技术

人工降低地下水位,常用的为各种井点排水技术。在基坑土方开挖之前,用真空(轻型)井点、管井井点或喷射井点深入含水层内,用不断抽水的方式使地下水位下降至坑底以下,同时,使土体产生固结,以方便土方开挖。

(1)真空(轻型)井点。真空(轻型)井点系在基坑的四周或一侧埋设井点管深入含水层内,井点管的上端通过连接弯管与集水总管连接,集水总管再与真空泵和离心水泵相连,启动抽水设备,地下水便在真空泵吸力的作用下,经滤水管进入井点管和集水总管。排出空气后,由离心水泵的排水管排出,使地下水位降到基坑底以下,如图1-15所示。

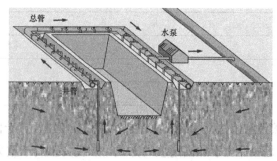

图1-15 真空(轻型)井点原理

本方法适用于_____
_____
_____

轻型降水系统由管路系统(滤管、井点管、弯联管及总管)和抽水设备(真空泵、离心泵和水汽分离器)组成。

在施工方案中，轻型井点降水措施首先需要解决井点的平面布置与井点的竖向布置两个问题。

1)轻型井点平面布置有以下几种方案：

①单排布置(图1-16)：适用于_____

_____

_____

_____

井点管应布置在地下水的上游一侧，两端的延伸长度不宜小于坑槽的宽度B。

②双排布置(图1-17)：适用于_____

_____

_____

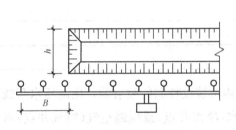

图1-16 井点管单排布置

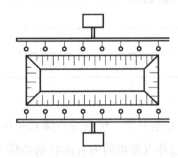

图1-17 井点管双排布置

③环形或U形布置(图1-18、图1-19)：适用于_____

_____

_____

_____

_____

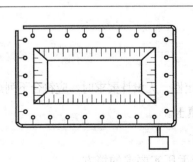

图1-18 井点管环形布置图

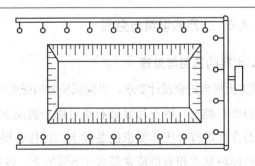

图1-19 井点管U形布置

2)轻型井点高程布置(图1-20)。轻型井点降水深度一般≤6 m。井点管埋置深度H(不包括滤管),可按下式计算:

$$H \geqslant H_1 + h + iL$$

式中 H_1——井管埋设面至基坑底的距离(m);
　　h——基坑中心处基坑底面至降低后地下水位的距离,一般为0.5~1.0 m;
　　i——地下水水位降落坡度;
　　L——井点管至基坑中心的水平距离。

(2)管井井点。管井井点由滤水井管、吸水管和抽水机械等组成。管井井点设备较为简

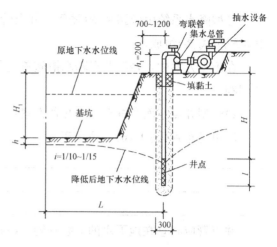

图1-20 一级轻型井点高程布置

单,排水量大,降水较深,较轻型井点具有更大的降水效果,可代替多组轻型井点作用,水泵设在地面,易于维护。

本方法适用于_____
_____
_____
_____
_____

(3)喷射井点。喷射井点降水是在井点管内部装设特制的喷射器,用高压水泵或空气压缩机通过井点管中的内管向喷射器输入高压水(喷水井点)或压缩空气(喷气井点)形成水汽射流,将地下水经井点外管与内管之间的间隙抽出排走。

本方法适用于_____
_____
_____
_____
_____

1.4.6 土方的填筑与夯实

1. 土料的选用与处理

填方土料应符合设计要求,以保证填方的强度和稳定性。无设计要求时,应符合下列规定:

(1)碎石类土、砂石和爆破石渣可用于表层下的填土。
(2)含水量符合压实要求的黏性土,可作各层填土。
(3)碎块草皮和有机质含量大于8%的土,仅用于无压实要求的填方。
(4)淤泥和淤泥质土,一般不能用作填土。

2. 压实方法

填土压实方法可采用人工压实,也可采用机械压实。当压实量较大,或工期要求比较紧时,一般采用机械压实。常用的机械压实方法有:_____、_____、_____。

3. 影响填土压实的因素

影响填土压实的因素有:_____

_____

_____

4. 填土压实的质量检查

填土压实后应达到一定的密实度。检验指标为压实系数(压实度)λ_C,即

$$\lambda_C = \frac{\text{土的施工控制干密度 } \rho_d}{\text{土的最大干密度 } \rho_{\max}}$$

式中 ρ_d——一般用"环刀法",或灌砂、灌水法测定;

$\rho_{\max}$——一般由击实试验确定。

最大干密度应采用击实试验确定,也可按照下式计算:

$$\rho_{d\max} = \eta \frac{\rho_w d_S}{1 + 0.01 W_{OP} d_S}$$

1.5 沙场点兵

1.5.1 到施工现场参观土方工程施工过程

1. 实习内容

(1)了解土方边坡形式及支护方法。

(2)了解施工现场排水与降水的基本类型。

(3)了解施工现场土方施工机械性能及作业方法。

(4)了解施工现场土方压实方案。

2. 实习纪律

(1)要服从指导人员的指导,有组织、有步骤、有秩序地参观、听讲。

(2)学生在建筑工程施工工地参观时,要佩戴安全帽,不得乱跑、乱动,随时注意安全,防止发生事故。

(3)学生在工地不要随便靠近施工机械,对施工现场的开关按钮,严禁乱摸。

(4)学生在参观、听讲时,注意力要集中,不能吵闹,不明白的地方可向指导人员虚心请教。

3. 实习总结

在实习过程中,应对参观内容认真做好记录。

1.5.2 土方量计算

本次实操内容在本项目知识链接部分中有所体现,请学生认真完成土方量相关计算题,故不再多余赘述。

1.6 实训自评

表1-2为实训自评表,请学生如实填写。

表1-2 实训自评表

学生自评表(根据实际情况填写表格)				
姓名: 岗位职务: 班级: 学号: 组别:				
目标	能		不全	不会
土方工程的安全施工技术要求和工艺的基本知识				
基坑边坡留置及支护原理				
土方工程量的计算方法				
基坑施工降水措施				

针对本次实训的情况作出一个全面的总结,要求字数不少于500字。

项目 2　地基处理与桩基础工程

2.1　实训目的

了解基坑验槽和地基加固的方法，掌握地基加固的原理和拟定加固方案的原则；了解预制桩的构造，掌握锤击沉桩和静力沉桩的施工方法；了解各类灌注桩的工艺原理和施工要点；了解桩基础施工机械；了解桩基工程质量控制和检测验收的方法。

2.2　实训内容

1. 学习地基处理与桩基础工程的技术要求和工艺的基本知识。
2. 去施工现场参观地基处理过程和桩基础施工过程。
3. 分析并解决地基处理与桩基础工程常见质量问题。

2.3　实训认知

参观地基处理和桩基础施工现场，通过指导老师现场认知讲解，了解地基处理和桩基础工程相关知识点。收集以下图片。

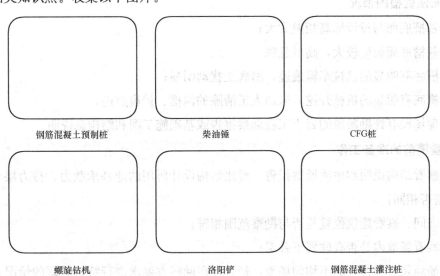

钢筋混凝土预制桩　　　　　柴油锤　　　　　CFG桩

螺旋钻机　　　　　洛阳铲　　　　　钢筋混凝土灌注桩

2.4 知识链接

2.4.1 基坑验槽

建(构)筑物基坑均应进行施工验槽,如图 2-1 所示。基坑挖至基底设计标高并清理后,施工单位必须会同勘察、设计、建设(或监理)等单位共同进行验槽,合格后方能进行基础工程施工。

图 2-1 基坑验槽

1. 验槽时必须具备的资料和条件

(1)勘察、设计、建设(或监理)、施工等单位有关负责及技术人员到场;
(2)基础施工图和结构总说明;
(3)详勘阶段的岩土工程勘察报告;
(4)开挖完毕,槽底无浮土、松土(若分段开挖,则每段条件相同),条件良好的基槽。

2. 无法验槽的情况

(1)基槽底面与设计标高相差太大;
(2)基槽底面坡度较大,高低悬殊;
(3)槽底有明显的机械车辙痕迹,槽底土扰动明显;
(4)槽底有明显的机械开挖、未加人工清除的沟槽、铲齿痕迹;
(5)现场没有详勘阶段的岩土工程勘察报告或基础施工图和结构总说明。

3. 验槽前的准备工作

(1)察看结构说明和地质勘察报告,对比结构设计所用的地基承载力、持力层与报告所提供的是否相同;
(2)询问、察看建筑位置是否与勘察范围相符;
(3)察看场地内是否有软弱下卧层;
(4)场地是否为特别的不均匀场地,是否存在勘察方要求进行特别处理的情况,而设计方没有进行处理；

(5)要求建设方提供场地内是否有地下管线和相应地下设施的资料。

4. 推迟验槽的情况

(1)设计所使用承载力和持力层与勘察报告所提供不符；

(2)场地内有软弱下卧层而设计方未说明相应的原因；

(3)场地为不均匀场地，勘察方需要进行地基处理而设计方未进行处理。

5. 验槽的主要内容

不同建筑物对地基的要求不同，基础形式不同，验槽的内容也不同，主要有以下几点：

_____
_____
_____
_____
_____

6. 验槽方法

验槽的方法以观察为主，辅以夯、拍或轻便勘探。

(1)观察验槽。观察验槽的内容包括：

1)检查基坑(槽)的位置、断面尺寸、标高和边坡等是否符合设计要求，如图 2-2 所示。

2)检查槽底是否已挖至老土层(地基持力层)上，是否继续下挖或进行处理。

3)对整个槽底土进行全面观察：土的颜色是否均匀一致；土的坚硬程度是否均匀、一致，有无局部过软或过硬；土的含水量情况，有无过干或过湿；在槽底行走或夯、拍，有无震颤现象或空穴声音等。

观察验槽应重点注意柱基、墙角、承重墙下受力较大的部位。仔细观察基底土的结构、孔隙、湿度、含有物等，并与设计勘察资料相比较，确定是否已挖到设计的土层。对于可疑之处应局部下挖检查，如图 2-3 所示。

图 2-2　拉线检查

图 2-3　挖掘探查

(2)夯、拍验槽。夯、拍验槽是用木夯、蛙式打夯机或其他施工工具对干燥的基坑进行夯、拍(对潮湿和软土地基不宜夯、拍,以免破坏基底土层),从夯、拍声音判断土中是否存在土洞或墓穴。对可疑迹象,应用轻便勘探仪进一步调查。

(3)轻便勘探验槽。轻便勘探验槽是用钎探(图2-4)、轻便动力触探、手摇小螺纹钻、洛阳铲等对地基主要受力层范围的土层进行勘探,或对上述观察、夯或拍发现的异常情况进行探查。

图2-4 基坑底层基土质量钎探检查

2.4.2 地基加固处理

1. 地基加固的原理

当结构的荷载较大,地基土质又较软弱(强度不足或压缩性大),不能作为天然地基时,可采取人工加固处理的方法改善地基性质,提高承载力,增加稳定性,减少地基变形和基础埋置深度。

2. 地基处理的目的

提高软弱地基的强度,保证地基的稳定性;降低软弱地基的压缩性,减少基础的沉降;防止地震时地基土的振动液化;消除特殊土的湿陷性、胀缩性和冻胀性。

3. 地基处理的对象

(1)软弱地基包括淤泥、淤泥质土、冲填土、杂填土或其他高压缩性土层构成的地基。

(2)特殊土地基包括软土、湿陷性黄土、膨胀土、红黏土和冻土等地基。

4. 地基加固的方法

地基加固处理的方法很多,归纳起来无非是:"挖""填""换""夯""压""挤""拌"七个字。

(1)换填法。软土层较厚时,将基础下面一定范围内的软土挖去,代之以人工填筑的垫层作持力层。采用砂石、三合土、矿渣等材料换土的地基分别称为砂石地基(图2-5、图2-6)、三合土地基、粉煤灰地基。

（2）夯实法。利用打夯工具或机具夯击土壤，排出土壤中的水分，加速土壤的固结，提高土壤的密实度和承载力，如图2-7、图2-8所示。

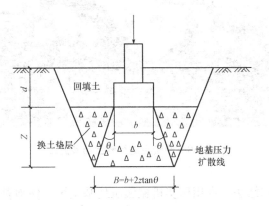

图 2-5　砂石垫层剖面图

图 2-6　砂石地基施工

图 2-7　平板振动夯进行地基夯实

图 2-8 冲击夯进行软土压实施工

(3)预压法—排水固结法。利用压实机械碾压地基土壤，使地基压实排水固结。也可采用预压固结法，即先在地基范围的地面上，堆置重物预压一段时间，使地基压密，以提高承载力，减少沉降量。

1)堆载预压法。在饱和软土地基上施加荷载后，孔隙水被缓慢排出，孔隙体积随之减少，地基发生固结变形，土体的密实度和强度提高。

堆载预压法包括加压系统和排水系统。按堆载材料分为自重预压、加载预压(图 2-9)和加水预压(图 2-10)。按加压程序可分为单级加荷和多级加荷。

图 2-9 加载预压

图 2-10 加水预压

2)真空预压法。真空预压法是在软土地基表面先铺设砂垫层、埋设垂直排水竖井,再用不透气的封闭膜使之与大气隔绝,薄膜四周埋入土中,通过埋设的排水竖井,用真空装置进行抽气。抽气使地表砂垫层及排水竖井内形成负压,使土体内部与排水竖井之间形成压力差。压差作用下土体中的孔隙水不断由排水竖井排出,从而使土体固结,如图 2-11 所示。

图 2-11 真空预压法

(a)袋装砂井埋设完毕;(b)袋装砂井与排水横管连接;(c)插板机在进行塑料排水带施工;
(d)塑料排水带埋设完毕;(e)真空预压法－覆盖封闭膜;(f)真空预压法－排气进行时

(4)深层挤密法。用带桩靴的工具式桩管打入土中,挤压土壤形成桩孔,拔出桩管再在桩孔中灌入砂石或石灰、素土、灰土等填充料进行捣实。其原理是挤密土壤、排水固结,提高地基的承载力,俗称"挤密桩"。包括碎(砂)石桩、石灰桩、灰土桩、CFG 桩等。

1)CFG 桩。CFG 桩又称水泥粉煤灰碎石桩。由长螺旋钻机或振动沉管桩机成孔,将碎石、石屑、砂、粉煤灰掺水泥加水拌和灌注成桩,如图 2-12 所示。CFG 桩的适用范围很广,在砂土、粉土、黏土、淤泥质土、杂填土等地基均有大量成功的实例。

图 2-12 CFG 桩施工

(a)CFG 桩施工现场;(b)CFG 桩破桩头施工现场;(c)CFG 桩和桩间土通过褥垫层形成 CFG 桩复合地基

2)挤密碎石桩。挤密碎石桩又称振冲碎石桩,是用振动或冲击荷载将底部装有活瓣式桩靴的桩管挤入地层,在软弱地基中成孔后,再将碎石从桩管投料口处投入桩管内,然后边击实、边上拔桩管,形成密实碎石桩,并与桩间土体形成复合地基,如图 2-13 所示。

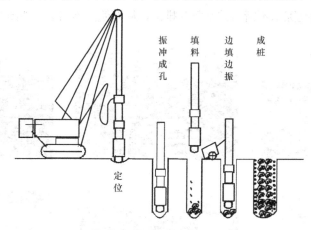

图 2-13 碎石桩施工流程图

(5)化学(注浆)加固法。化学(注浆)加固法是指用旋喷法或深层搅拌法加固地基。其原理是利用高压射流切削土壤,旋喷浆液(水泥浆、水玻璃、丙凝等),搅拌浆土,使浆液和土壤混合,凝结成坚硬的柱体或土壁。

1)深层搅拌桩。深层搅拌机定位启动后,叶片旋转切削土壤,下沉至设计深度后缓慢提升搅拌机,同时喷射水泥浆与软黏土强制拌和,待搅拌机提升到地面时,再原位下沉提升搅拌一次,使浆土均匀混合形成水泥土桩,如图 2-14 所示。

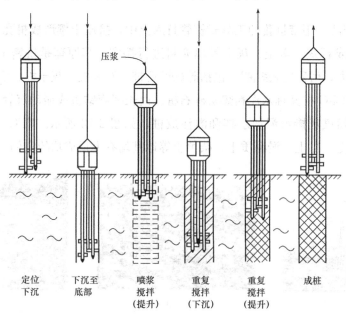

图 2-14 深层搅拌桩施工工艺流程图

2)高压旋喷桩。高压旋喷桩是利用钻机把带有特殊喷嘴的注浆管钻至设计深度,将水泥浆液由喷嘴向四周高速喷射切削土层,同时将旋转的钻杆徐徐提升,浆液与土体在高压射流作用下充分搅拌混合,形成连续搭接的水泥加固体,如图 2-15 所示。

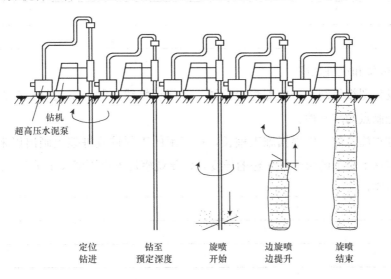

图 2-15 旋喷法施工流程图

2.4.3 混凝土预制桩施工

根据打(沉)桩方法的不同,钢筋混凝土预制桩基础施工有锤击沉桩法、静力压桩法及振动法等,如图 2-16 所示,以锤击沉桩法和静力压桩法应用最为普遍。

(a) (b) (c)

图 2-16 混凝土预制桩打(沉)桩方法

(a)锤击沉桩法;(b)静力压桩法;(c)振动法

1. 锤击沉桩法

锤击沉桩法是利用桩锤下落产生的冲击克服土对桩的阻力,使桩沉到设计深度。

(1)施工程序:

(2) 确定桩位和沉桩顺序。

1) 根据设计图纸编制工程桩测量定位图，并保证轴线控制点不受打桩时振动和挤土的影响，保证控制点的准确性。

2) 工程桩在施工前，应根据施工桩长，在匹配的工程桩或桩架上画出以米为单位的长度标记，并按从下至上的顺序标明桩的长度，以便观察桩入土深度及记录每米沉桩锤击数。

3) 沉桩顺序：_____

(3) 桩机就位：应对准桩位，将桩机调制水平，保证桩机的稳定性。

(4) 吊桩喂桩和校正：吊桩喂桩，一般利用桩架附设的起重钩借桩机上卷扬机吊桩就位，或配一台起重机吊桩就位，并用桩架上夹具或桩帽固定位置，调整桩身、桩锤、桩帽的中心线重合，使插入地面时桩身的垂直度偏差≤0.5%。

(5) 打桩：正常打桩宜采用"重锤低击，低锤重打"，可取得良好效果。

(6) 接桩：当桩需接长时，接头个数宜≤3个，尽量避免桩尖落在厚黏性土层中接桩。常用的接桩方式主要有_____、_____和_____。

(7) 桩的入土深度的控制，对于承受轴向荷载的摩擦桩，以_____为主，_____作为参考；端承桩则以_____为主，以_____作为参考。

(8) 施工时，应注意做好施工记录；同时，还应注意观察打桩入土的速度、打桩架的垂直度、桩锤回弹情况、贯入度变化情况等；发现异常，应立即通知有关单位和人员及时处理。

2. 静力压桩法

静力压桩是通过静力压桩机的压桩机构，将预制钢筋混凝土桩分节压入地基土层中成桩，如图2-17所示。一般都采取分段压入、逐段接长的方法。

图 2-17 静力压桩施工现场

施工程序：_____
_____
_____
_____
_____
_____
_____
_____

压桩时，用起重机将预制桩吊运或用汽车运至桩机附近，再利用桩机自身设置的起重机将其吊入夹持器中，夹持油缸将桩从侧面夹紧，调整位置即可开动压桩油缸，先持桩压入土中 1 m 左右后停止，矫正桩垂直度后，压桩油缸继续伸程动作，把桩压入土层中。伸长完后，夹持油缸回程松夹，压桩油缸回程。重复上述动作，可实现连续压桩操作，直至把桩压入预定深度土层中。

压同一根（节）桩时应连续进行，当压力表读数达到预先规定值，便可停止压桩。

压桩过程中应检查压力、桩垂直度、接桩间歇时间、桩的连接质量及压入深度。对承受反力的结构应加强观测。

压桩用压力表必须标定合格方能使用，压桩时桩的入土深度和压力表数值是判断桩的质量和承载力的依据，也是指导压桩施工的一项重要参数，必须认真记录。

2.4.4 混凝土灌注桩施工

钢筋混凝土灌注桩是一种直接在现场桩位上就地成孔，然后在孔内浇筑混凝土或安放钢筋笼再浇筑混凝土而成的桩。按其成孔方法不同，可分为_____、_____、_____和_____等。

1. 钻孔灌注桩

钻孔灌注桩是指利用钻孔机械钻出桩孔,并在孔中浇筑混凝土(或先在孔中吊放钢筋笼)而成的桩。钻孔机成孔工艺原理如图 2-18、图 2-19 所示。根据工程的不同性质、地下水位情况及工程土质性质,钻孔灌注桩有_____、_____、_____及_____等。除钻孔压浆灌注桩外,其他三种均为泥浆护壁钻孔灌注桩。

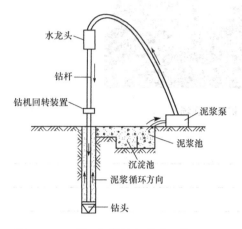

图 2-18 正循环回转钻机成孔工艺原理图

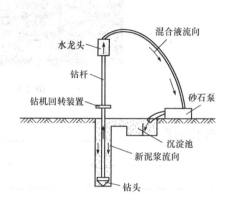

图 2-19 反循环回转钻机成孔工艺原理图

(1)泥浆护壁钻孔灌注桩施工工艺流程是:

_____
_____
_____
_____
_____
_____

(2)泥浆护壁钻孔灌注桩施工,在冲孔时应随时测定和控制泥浆密度,如遇较好土层可采取自成泥浆护壁。

(3)灌注桩的质量检验应较其他桩种严格,因此,现场施工对监测手段要事先落实。

(4)灌注桩的沉渣厚度应在钢筋笼放入后,混凝土浇筑前测定,成孔结束后,放钢筋笼、混凝土导管都会造成土体跌落,增加沉渣厚度。因此,沉渣厚度应是二次清孔后的结果。沉渣厚度的检查目前均用重锤,但因人为因素影响很大,应专人负责,用专一的重锤,有些地方用较先进的沉渣仪,这种仪器应预先做标定。

2. 沉管灌注桩

沉管灌注桩是指利用锤击打桩法或振动打桩法,将带有活瓣式桩尖或预制钢筋混凝土桩靴的钢套管沉入土中,然后边浇筑混凝土(或先在管内放入钢筋笼)边锤击或振动边拔管而成的桩。前者称为锤击沉管灌注桩及套管夯扩灌注桩,后者称为振动沉管灌注桩。

(1)沉管灌注桩成桩过程为：

_____

_____

_____

_____

(2)锤击沉管灌注桩劳动强度大，要特别注意安全。该种施工方法适于黏性土、淤泥、淤泥质土、稍密的砂石及杂填土层中使用，但不能在密实的中粗砂、砂砾石、漂石层中使用。

(3)套管夯扩灌注桩简称夯压桩，是在普通锤击沉管灌注桩的基础上加以改进发展起来的一种新型桩。它是在桩管内增加了一根与外桩管长度基本相同的内夯管，以代替钢筋混凝土预制桩靴，与外管同步打入设计深度，并作为传力杆，将桩锤击力传至桩端夯扩成大头形，并且增大了地基的密实度；同时，利用内管和桩锤的自重将外管内的现浇桩身混凝土压密成型，使水泥浆压入桩侧土体并挤密桩侧的土，从而使桩的承载力大幅度提高。

(4)振动沉管灌注桩适用于在一般黏性土、淤泥、淤泥质土、粉土、湿陷性黄土、稍密及松散的砂土及填土中使用，在坚硬砂土、碎石土及有硬夹层的土层中，由于容易损坏桩尖，不宜采用。根据承载力的不同要求，拔管方法可采用单打法、复打法、反插法。

2.4.5 桩基检测

1. 单桩承载力检测

单桩承载力检测分为静载和动载两种。

(1)符合下列条件之一的桩应采用静载试验，桩基静载检测过程如图2-20所示。

1)设计等级为甲级的桩基；

2)地质条件复杂、施工质量可靠性低；

3)在本地区采用的新桩型或新工艺；

4)挤土群桩施工产生挤土效应。

抽检数量：不少于总桩数的1‰，且不少于3根；当总桩数少于50根时，不少于2根。

图2-20 桩基静载检测现场

(2) 对上条规定之外的预制桩和满足高应变法适用检测范围的灌注桩，可采用高应变法进行动载检测，如图 2-21 所示。

检测数量：不宜少于总桩数的 5%，且不得少于 10 根。

图 2-21　灌注桩动载检测

(a)安装感应装置；(b)吊起落锤；(c)设置桩垫；
(d)测量落距；(e)落锤下落；(f)桩基大应变频谱分析仪

(3) 当受设备或现场条件限制无法进行单桩承载力检测的端承型大直径灌注桩，可采用钻芯法测定桩底沉渣厚度并钻取桩端持力层岩土芯样检验桩端持力层，如图 2-22、图 2-23 所示。

检测数量：不应少于总桩数的 5%，且不应少于 10 根。

图 2-22　钻芯法基桩检测　　　　　　图 2-23　桩身混凝土芯样质量检查

2. 桩身完整性抽样检测

(1)检测数量。

1)柱下三桩或三桩以下的承台抽检桩数不得少于1根；

2)设计等级为甲级，或地质条件复杂、施工质量可靠性较低的灌注桩，抽检数量不应少于总桩数的30%，且不得少于20根；

3)其他桩基工程的抽检数量不应少于总桩数的20%，且不得少于10根；

4)地下水位以上且终孔后桩端持力层已通过核验的人工挖孔桩及单节混凝土预制桩，抽检数量可适当减少，但不应少于总桩数的10%，且不应少于10根。

(2)检测方法。对端承型大直径灌注桩，应选用钻芯法或声波透射法(图2-24)对总桩数的10%进行桩身完整性检测。

图2-24 声波透射法进行桩身完整性检测

2.5 沙场点兵

2.5.1 到施工现场参观地基处理过程和桩基础施工过程

1. 实习内容

(1)了解施工现场地基处理的方法。

(2)了解施工现场桩基础施工工艺。

(3)了解施工现场桩基础检测方法。

(4)了解桩基础施工机械。

2. 实习纪律

(1)要服从指导人员的指导，有组织、有步骤、有秩序地参观、听讲。

(2)学生在建筑工程施工工地参观时，要佩戴安全帽，不得乱跑、乱动，随时注意安全，防止发生事故。

(3)学生在工地不要随便靠近施工机械,对施工现场的开关按钮,严禁乱摸。

(4)学生在参观、听讲时,注意力要集中,不能吵闹,不明白的地方可向指导人员虚心请教。

3. 实习总结

在实习过程中,应对参观内容认真做好记录。

2.5.2 分析并解决地基处理与桩基础工程常见的质量问题

分析表 2-1 中地基处理与桩基础工程常见质量问题的原因,并提出防治方法。

表 2-1 地基处理与桩基础工程常见质量问题分析表

常见问题	原因分析	防治方法
回填土密实度达不到要求		
预制桩桩身断裂		
泥浆护壁灌注桩坍孔		

2.6 实训自评

表 2-2 为实训自评表,请学生如实填写。

表 2-2 实训自评表

学生自评表(根据实际情况填写表格)				
姓名:	岗位职务:	班级:	学号:	组别:
目标		能	不全	不会
地基处理与桩基础工程的技术要求和工艺的基本知识				
分析并解决地基处理与桩基础工程常见质量问题				

针对本次实训的情况作出一个全面的总结，要求字数不少于500字。

项目 3　钢筋工程

3.1　实训目的

掌握钢筋的种类及验收；掌握钢筋的性质；了解钢筋下料计算原理；了解钢筋的代换；了解钢筋的加工；掌握钢筋的连接；掌握梁、板、柱钢筋绑扎工艺。

3.2　实训内容

1. 学习钢筋工程的技术要求和工艺的基本知识。
2. 能根据施工图纸，应用施工工具，遵守操作规程，完成主要钢筋构件的绑扎。

3.3　实训认知

以××校建筑工程实训室二层楼为对象，通过指导老师现场认知讲解，了解钢筋工程相关知识点。收集以下图片。

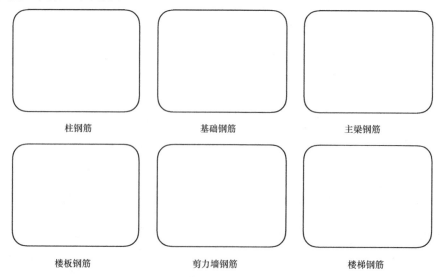

| 柱钢筋 | 基础钢筋 | 主梁钢筋 |
| 楼板钢筋 | 剪力墙钢筋 | 楼梯钢筋 |

3.4 知识链接

3.4.1 钢筋的种类及验收

1. 钢筋的种类

混凝土结构用的普通钢筋，可分为热轧钢筋和冷加工钢筋两类。

(1)热轧钢筋。

热轧钢筋是最常用的钢筋，有_____、_____、_____三种。

热轧钢筋按屈服强度(MPa)分为_____级、_____级、_____级和_____级。

纵向受力普通钢筋宜采用 HRB400、HRB500、HRBF400、HRBF500 钢筋，也可采用 HPB300、HRB335、HRBF335、RRB400 级钢筋。梁柱纵向受力普通钢筋应采用 HRB400、HRB500、HRBF400、HRBF500 钢筋。箍筋宜采用 HRB400、HRBF400、HPB300、HRB500、HRBF500 钢筋，也可采用 HRB335、HRBF335 钢筋。

(2)冷加工钢筋。冷加工钢筋可分为冷轧扭钢筋(图 3-1)、冷轧带肋钢筋(图 3-2)和冷拔螺旋钢筋等(冷拉钢筋和冷拔低碳钢丝已逐渐淘汰)。

图 3-1 冷轧扭钢筋　　　　图 3-2 冷轧带肋钢筋

2. 钢筋验收

运至现场的钢筋验收，包括钢筋标牌和外观检查，并按有关规定取样进行机械性能检验。

(1)钢筋标牌验收。钢筋出厂，每捆(盘)应挂有两个标牌(上注厂名、生产日期、钢号、炉罐号、钢筋级别、直径等)，如图 3-3 所示，并有随货同行的出厂质量证明书或试验报告书。

工地按品种、批号及直径分批验收,每批数量热轧钢筋不超过_____、冷轧带肋钢筋为_____、冷轧扭钢筋为_____。

图 3-3 钢筋的出厂标牌

(2)外观检查。热轧钢筋表面不得有裂缝、结疤和折叠,外形尺寸应符合规定;冷轧扭钢筋要求表面光滑,无裂缝、折叠夹层,也无深度超过 0.2 mm 的压痕或凹坑。

(3)取样检验。从每批次钢筋中任选两根,每根取两个试件分别进行_____试验(屈服点、抗拉强度和伸长率的测定)和_____试验。

如有一项试验结果不符合规定,则应从同一批钢筋另取双倍数量的试件重做各项试验,如仍有一个试件不合格,则该批钢筋为不合格品,应不予验收或降级使用。

3.4.2 钢筋的性质

热轧钢筋具有软钢性质,有明显的屈服性;冷轧带肋钢筋呈硬钢性质,无明显屈服点,一般将对应于塑性应变为 0.2% 时的应力定为屈服强度,并用 $\sigma_{0.2}$ 表示。

钢筋的延性通常用拉伸试验测得的伸长率表示。钢筋伸长率一般随钢筋(强度)等级的提高而_____。

钢筋冷弯是考核钢筋的塑性指标,也是钢筋加工所需的。钢筋冷弯性能一般随着强度等级的提高而_____。低强度热轧钢筋冷弯性能较好,强度较高的稍差,冷加工钢筋的冷弯性能最差。

钢材的可焊性常用碳当量来估计。可焊性随碳当量百分比的增高而_____。

钢筋的化学成分中,_____、_____为有害物质,应严格控制。

3.4.3 钢筋下料计算

钢筋配料是根据构件配筋图,先绘出各种形状和规格的单根钢筋简图并加以编号,然后分别计算钢筋下料长度、根数及质量,填写钢筋配料单,作为申请、备料、加工的依据。为使钢筋满足设计要求的形状和尺寸,需要对钢筋进行弯折,而弯折后钢筋各段的长度总和并不等于其在直线状态下的长度,所以,要对钢筋剪切下料长度加以计算。各种钢筋下料长度计算如下：

直钢筋下料长度＝_____

_____

_____

_____

_____

_____

弯起钢筋下料长度＝_____

_____

_____

_____

_____

_____

箍筋下料长度＝_____

_____

_____

_____

_____

_____

3.4.4 钢筋的代换

(1)代换原则：_____或_____。

当构件配筋受强度控制时，按_____的原则进行代换。

当构件按最小配筋率配筋时，或同钢号钢筋之间的代换，按_____的原则进行代换。

当构件受裂缝宽度或挠度控制时，代换前后应进行裂缝宽度和挠度验算。

(2)钢筋代换时，应征得设计单位的同意，相应费用按有关合同规定（一般应征得业主同意）并办理相应手续。代换后钢筋的间距、锚固长度、最小钢筋直径、数量等构造要求和受力、变形情况均应符合相应规范要求。

练习1：某钢筋工程，设计图纸要求 4 根 φ16 的钢筋，现因缺少 φ16 的钢筋而要进行钢筋代换。试计算下列情况下的钢筋数量（不进行抗裂验算）。

(1)用 φ20 的钢筋进行代换；(2)用 φ18 的钢筋进行代换。

3.4.5 钢筋加工

钢筋加工一般集中在钢筋加工棚采用流水作业法进行，如图 3-4、图 3-5 所示，然后运至工地进行安装和绑扎。钢筋加工过程包括钢筋调直、除锈、下料剪切、接长、弯曲。

图 3-4 工地钢筋加工棚

图 3-5 钢筋加工棚加工内景

1. 钢筋调直

以盘圆供货的钢筋调直一般采用冷拉进行，HPB235、HPB300 级光圆钢筋冷拉率不宜大于_____，HRB335、HRB400、HRB500、HRBF335、HRBF400、HRBF500 及 RRB400 级带肋钢筋不宜大于_____；钢筋调直过程中不应损伤带肋钢筋的横肋。调直后的钢筋应平直，不应有局部弯折。

直径 6～14 mm 的钢筋可用钢筋调直机进行调直，如图 3-6、图 3-7 所示，钢筋调直机兼有_____、_____、_____三项功能。

图 3-6 钢筋调直切断机

图 3-7 盘圆冷拉调直时的开卷

2. 钢筋除锈

为保证钢筋与混凝土之间的握裹力,严重锈蚀的钢筋应除锈。除锈方法有_____、_____、_____、_____。

3. 钢筋切断

钢筋下料切断可采用钢筋切断机或手动液压切断器进行,如图 3-8、图 3-9 所示。钢筋的切断口不得有马蹄形或起弯等现象。

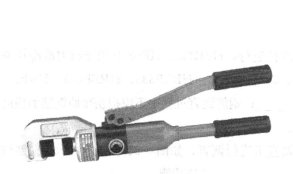 

图 3-8 手动切断器　　　　　图 3-9 钢筋切断机断料

4. 钢筋弯曲

钢筋弯曲宜用钢筋弯曲机或弯箍机进行，弯曲形状复杂的钢筋应画线、放样后进行，如图 3-10 所示。

图 3-10 弯起钢筋加工

3.4.6 钢筋的连接

钢筋接头有三种连接方法：即_____、_____、_____。

1. 钢筋的焊接

常用的焊接方法有：_____

_____

_____

_____

_____

_____

_____

请在下面几幅图相应位置填写钢筋的焊接方法。

_____　　　　　　_____

2. 钢筋机械连接

常用的机械连接方法有：_____

_____

_____

_____

_____

请在下面几幅图相应位置填写钢筋的机械连接方法。

 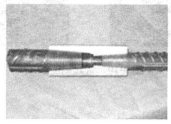 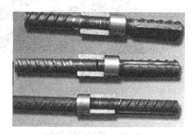

_____　_____　_____

3. 钢筋绑扎连接(或搭接)

当受拉钢筋直径＞25 mm、受压钢筋直径＞28 mm 时，不宜采用_____。轴心受拉及小偏心受拉杆件(如桁架和拱架的拉杆等)的纵向受力钢筋和直接承受动力荷载结构中的纵向受力钢筋均不得采用_____。

钢筋接头宜设置在构件受力较小处，同一纵向受力钢筋不宜设置两个或两个以上接头，接头末端至钢筋弯起点的距离不应小于钢筋直径的 10 倍。

同一构件中相邻纵向受力钢筋的绑扎搭接接头宜_____，位于同一连接区段内(钢筋搭接长度的 1.3 倍)的受拉钢筋搭接接头面积百分率：对梁类、板类及墙类构件不宜大于 25%，对柱类构件不宜大于 50%。

3.4.7 钢筋绑扎工程施工工艺

1. 施工准备

(1)作业条件。

1)钢筋进场后应检查是否有产品合格证、出厂检测报告和进场复验报告，并按施工平面图中指定的位置，按规格、使用部位、编号分别加垫木堆放。

2)钢筋绑扎前，应检查有无锈蚀，除锈之后再运至绑扎部位。

3)熟悉图纸，按设计要求检查已加工好的钢筋规格、形状、数量是否正确。

4)做好抄平放线工作，弹好水平标高线，柱、墙外皮尺寸线。

5)根据弹好的外皮尺寸线，检查下层预留搭接钢筋的位置、数量、长度，如不符合要求时，应进行处理。绑扎前先整理调直下层伸出的搭接筋，并将浮锈、水泥砂浆等污垢清除干净。

6）根据标高检查下层伸出搭接筋处的混凝土表面标高（柱顶、墙顶）是否符合图纸要求，混凝土施工缝处要剔凿到露石子并清理干净。

7）按要求搭好脚手架。

8）根据设计图纸及工艺标准要求，向班组进行技术交底。

（2）材料要求。

1）钢筋原材：应有供应单位或加工单位资格证书、钢筋出厂质量证明书，按规定作力学性能复试和见证取样试验。当加工过程中发生脆断等特殊情况，还需做化学成分检验。钢筋应无老锈及油污。

2）成型钢筋：必须符合配料单的规格、型号、尺寸、形状、数量，并应进行标识。成型钢筋必须进行覆盖，防止雨淋生锈。

3）铁丝：可采用20～22号铁丝（火烧丝）或镀锌铁丝（铅丝）。铁丝切断长度要满足使用要求。

4）垫块：用水泥砂浆制成50 mm×50 mm见方，厚度同保护层，垫块内预埋20～22号火烧丝，或用塑料卡、拉筋、支撑筋。

（3）施工机具。钢筋钩子、撬棍、扳子、绑扎架、钢丝刷、手推车、粉笔、尺子等。

2. 质量要求

（1）钢筋原材料及钢筋加工工程。质量要求符合《混凝土结构工程施工质量验收规范》（GB 50204—2015）的规定，见表3-1。

表3-1 钢筋原材料及钢筋加工工程质量要求

项目	序号	检查项目		允许偏差或允许值
主控项目	1	钢筋进场检验		第5.2.1条
	2	成型钢筋进场检验		第5.2.2条
	3	抗震用钢筋强度、最大力下总伸长率实测值		第5.2.3条
	4	钢筋弯折的弯弧内直径		第5.3.1条
	5	纵向受力钢筋的弯折后平直段长度		第5.3.2条
	6	箍筋和拉筋末端的弯钩要求		第5.3.3条
	7	盘卷钢筋调直后的检验		第5.3.4条
一般项目	1	外观质量		第5.2.4、5.2.5、5.2.6条
	2	钢筋加工允许偏差	受力钢筋顺长度方向全长的净尺寸/mm	±10 mm
			弯起钢筋的弯折位置/mm	±20 mm
			箍筋内净尺寸/mm	±5mm

(2)钢筋安装工程。质量要求符合《混凝土结构工程施工质量验收规范》(GB 50204—2015)的规定,见表3-2。

表3-2 钢筋安装工程质量要求

项目	序号	检查项目			允许偏差或允许值
主控项目	1	纵向受力钢筋的连接方式			第5.4.1条
	2	机械连接和焊接接头的力学性能、弯曲性能			第5.4.2条
	3	螺纹接头拧紧扭矩值			第5.4.3条
	4	受力钢筋的品种、级别和数量			第5.5.1条
一般项目	1	钢筋接头位置			第5.4.4条
	2	机械连接、焊接的外观质量			第5.4.5条
	3	机械连接、焊接的接头面积百分率			第5.4.6条
	4	绑扎搭接接头设置要求			第5.4.7条
	5	搭接长度范围内的箍筋			第5.4.8条
一般项目	6	钢筋安装允许偏差	绑扎钢筋网	长、宽/mm	±10
				网眼尺寸/mm	±20
			绑扎钢筋骨架	长/mm	±10
				宽、高/mm	±5
			纵向受力钢筋	锚固长度/mm	−20
				间距/mm	±10
				排距/mm	±5
			纵向受力钢筋、箍筋的混凝土保护层厚度/mm	基础	±10
				柱、梁	±5
				板、墙、壳	±3
			绑扎箍筋、横向钢筋间距/mm		±20
			钢筋弯起点位置/mm		20
			预埋件	中心线位置/mm	5
				水平高差/mm	+3,0

3. 工艺流程

(1)柱钢筋绑扎。套柱箍筋→搭接绑扎竖向受力筋→画箍筋间距线→绑箍筋。

(2)剪力墙钢筋绑扎。立2~4根竖筋→画水平筋间距→绑定位横筋→绑其余横竖筋。

(3)梁钢筋绑扎。

1)模内绑扎:画主次梁箍筋间距→放主梁次梁箍筋→穿主梁底层纵筋及弯起筋→穿次梁底层纵筋并与箍筋固定→穿主梁上层纵向架立筋→按箍筋间距绑扎→穿次梁上层纵向钢筋→按箍筋间距绑扎。

2)模外绑扎(先在梁模板上口绑扎成型后再入模内):画箍筋间距→在主次梁模板上口铺横杆数根→在横杆上面放箍筋→穿主梁下层纵筋→穿次梁下层钢筋→穿主梁上层钢筋→按箍筋间距绑扎→穿次梁上层纵筋→按箍筋间距绑扎→抽出横杆落骨架于模板内。

(4)板钢筋绑扎。清理模板→模板上画线→绑板下受力筋→绑负弯矩钢筋。

(5)楼梯钢筋绑扎。画位置线→绑主筋→绑分布筋→绑踏步筋。

4. 操作工艺

(1)柱钢筋绑扎。

1)套柱箍筋:按图纸要求间距,计算好每根柱箍筋数量,先将箍筋套在下层伸出的搭接筋上,然后立柱子钢筋,在搭接长度内绑扣不少于3个,绑扣要向柱中心。如果柱子主筋采用光圆钢筋搭接时,角部弯钩应与模板成45°,中间钢筋的弯钩应与模板成90°。

2)搭接绑扎竖向受力筋:柱子主筋立起之后,接头的搭接长度应符合设计要求,如设计无要求时,应按表3-3采用。

表3-3 纵向受拉钢筋的最小搭接长度

钢筋类型		混凝土强度等级								
		C20	C25	C30	C35	C40	C45	C50	C55	≥C60
光圆钢筋	HPB235级	37d	33d	29d	27d	25d	23d	23d	—	—
	HPB300级	49d	41d	37d	35d	31d	29d	29d	—	—
带肋钢筋	HRB335级	47d	41d	37d	33d	31d	29d	27d	27d	25d
	HRB400级	55d	49d	43d	39d	37d	35d	33d	31d	31d
	HRB500级	67d	59d	53d	47d	43d	41d	39d	39d	d

注:1. 两根直径不同钢筋的搭接长度,以较细钢筋的直径计算。
2. 当纵向受拉钢筋的绑扎搭接接头面积百分率为25%时,其最小搭接长度应符合表3-3的规定。
3. 当纵向受拉钢筋搭接接头面积百分率大于25%,但不大于50%时,其最小搭接长度应按表3-3中的数值乘以系数1.2取用;当接头面积百分率大于50%时,应按表3-3中的数值乘以系数1.35取用。

3)柱竖向筋采用机械或焊接连接时,按规范要求同一段面50%接头位置,第一步接头距楼板面大于500 mm且大于$H/6$,不在箍筋加密区。

4)画箍筋间距线:在立好的柱子竖向钢筋上,按图纸要求用粉笔画箍筋间距线。

5)柱箍筋绑扎:

①按已画好的箍筋位置线,将已套好的箍筋往上移动,由上往下绑扎,宜采用缠扣绑扎,如图3-11所示。

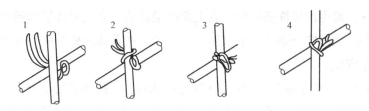

图 3-11　缠扣绑扎

②箍筋与主筋要垂直,箍筋转角处与主筋交点均要绑扎,主筋与箍筋非转角部分的相交点呈梅花交错绑扎。

③箍筋的弯钩叠合处应沿柱子竖筋交错布置,并绑扎牢固,如图 3-12 所示。

④有抗震要求的地区,柱箍筋端头应弯成 135°,平直部分长度不小于 10d(d 为箍筋直径),如图 3-13 所示。

6)柱上、下两端箍筋应加密,加密区长度及加密区内箍筋间距应符合设计图纸及不大于 100 mm 且不大于 5d 的要求(d 为主筋直径)。如设计要求箍筋设拉筋时,拉筋应钩住箍筋,如图 3-14 所示。

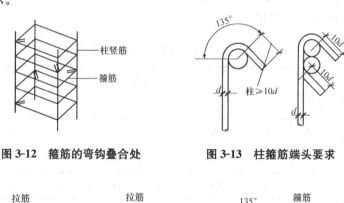

图 3-12　箍筋的弯钩叠合处　　图 3-13　柱箍筋端头要求

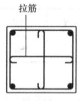 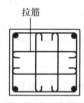

图 3-14　拉筋设置要求

7)柱筋保护层厚度应符合规范要求,如主筋外皮为 25 mm,垫块应绑在柱竖筋外皮上,间距一般为 1 000 mm(或用塑料卡卡在外竖筋上),以保证主筋保护层厚度准确。同时,可采用钢筋定距框来保证钢筋位置的正确性。当柱截面尺寸有变化时,柱应在板内弯折,弯后的尺寸要符合设计要求。

8)墙体拉结筋或埋件,根据墙体所用材料,按有关图集留置。

9)柱筋到结构封顶时,要特别注意边柱外侧柱筋的锚固长度为 $1.7l_{aE}$,具体参见《建筑物抗震构造详图》(11G329—1)中的有关作法。同时在钢筋连接时要注意柱筋的锚固方向,保证柱筋正确锚入梁和板内。

(2)剪力墙钢筋绑扎(图3-15)。

图 3-15 剪力墙钢筋

1)立2～4根竖筋：将竖筋与下层伸出的搭接筋绑扎，在竖筋上画好水平筋分挡标志，在下部及齐胸处绑两根横筋定位，并在横筋上画好竖筋分挡标志，接着绑其余竖筋，最后再绑其余横筋。横筋在竖筋里面或外面应符合设计要求。

2)竖筋与伸出搭接筋的搭接处需绑3根水平筋，其搭接长度及位置均符合设计要求，当设计无要求时，应符合表3-3的规定。

3)剪力墙筋应逐点绑扎，双排钢筋之间应绑拉筋或支撑筋，其纵、横间距不大于600 mm，钢筋外皮绑扎垫块或用塑料卡。

4)剪力墙与框架柱连接处，剪力墙的水平横筋应锚固到框架柱内，其锚固长度要符合设计要求。如先浇筑柱混凝土后绑剪力墙筋时，柱内要预留连接筋或柱内预埋铁件，待柱拆模绑墙筋时作为连接用。其预留长度应符合设计或规范的规定。

5)剪力墙水平筋在两端头、转角、十字节点、连梁等部位的锚固长度以及洞口周围加固筋等，均应符合设计、抗震要求。

6)合模后对伸出的竖向钢筋应进行修整，在模板上口加角铁或用梯子筋将伸出的竖向钢筋加以固定，浇筑混凝土时应有专人看护，浇筑后再次调整以保证钢筋位置的准确。

(3)梁钢筋绑扎。

1)在梁侧模板上画出箍筋间距，摆放箍筋。

2)先穿主梁的下部纵向受力钢筋及弯起钢筋，将箍筋按已画好的间距逐个分开；穿次梁的下部纵向受力钢筋及弯起钢筋，并套好箍筋；放主次梁的架立筋；隔一定间距将架立筋与箍筋绑扎牢固；调整箍筋间距使间距符合设计要求，绑架立筋，再绑主筋，主次同时配合进行。次梁上部纵向钢筋应放在主梁上部纵向钢筋之上，为了保证次梁钢筋的保护层厚度和板筋位置，可将主梁上部钢筋降低一个次梁上部主筋直径的距离加以解决。

3)框架梁上部纵向钢筋应贯穿中间节点,梁下部纵向钢筋伸入中间节点锚固长度及伸过中心线的长度要符合设计要求。框架梁纵向钢筋在端节点内的锚固长度也要符合设计要求,一般大于45d。绑梁上部纵向筋的箍筋,宜用套扣法绑扎,如图3-16所示。

图3-16 套扣法

4)箍筋在叠合处的弯钩,在梁中应交错布置,箍筋弯钩采用135°,平直部分长度为10d。

5)梁端第一个箍筋应设置在距离柱节点边缘50 mm处。梁与柱交接处箍筋应加密,其间距与加密区长度均要符合设计要求。梁柱节点处,由于梁筋穿在柱筋内侧,导致梁筋保护层加大,应采用渐变箍筋,渐变长度一般为600 mm,以保证箍筋与梁筋紧密绑扎到位。

6)在主、次梁受力筋下均应垫垫块(或塑料卡),保证保护层的厚度。受力筋为双排时,可用短钢筋垫在两层钢筋之间,钢筋排距应符合设计规范要求。

7)梁筋的搭接:梁的受力钢筋直径等于或大于22 mm时,宜采用焊接接头或机械连接接头;小于22 mm时,可采用绑扎接头,搭接长度要符合规范的规定。搭接长度末端与钢筋弯折处的距离,不得小于钢筋直径的10倍。接头不宜位于构件最大弯矩处,受拉区域内HPB300级钢筋绑扎接头的末端应做弯钩(HRB335级钢筋可不做弯钩),搭接处应在中心和两端扎牢。接头位置应相互错开,当采用绑扎搭接接头时,在规定搭接长度的任一区段内有接头的受力钢筋截面面积占受力钢筋总截面面积百分率,受拉区不大于50%。

(4)楼板钢筋绑扎。

1)清理模板上面的杂物,用墨斗在模板上弹好主筋、分布筋间距线。

2)按画好的间距,先摆放受力主筋、后放分布筋。预埋件、电线管、预留孔等及时配合安装。

3)在现浇板中有板带梁时,应先绑板带梁钢筋,再摆放板钢筋。绑扎板筋时一般用顺扣(图3-17)或八字扣,除外围两根筋的相交点应全部绑扎外,其余各点可交错绑扎(双向板相交点须全部绑扎)。

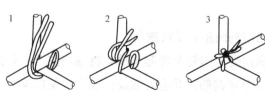

图3-17 顺扣法

4)如板为双层钢筋,两层钢筋之间须加钢筋马凳,以确保上部钢筋的位置。负弯矩钢筋每个相交点均要绑扎。

5）在钢筋的下面垫好砂浆垫块，间距为 1.5 m。垫块的厚度等于保护层厚度，应满足设计要求，如设计无要求时，板的保护层厚度应为 15 mm。盖铁下部安装马凳，位置同垫块。

(5)楼梯钢筋绑扎。

1）在楼梯底板上画主筋和分布筋的位置线。

2）根据设计图纸中主筋、分布筋的方向，先绑扎主筋后绑扎分布筋，每个交点均应绑扎，如有楼梯梁时，先绑梁筋后绑板筋，板筋要锚固到梁内。

3）底板筋绑完，待踏步模板支好后，再绑扎踏步钢筋。主筋接头数量和位置均要符合施工规范的规定。

5. 成品保护

(1)楼板的弯起钢筋、负弯矩钢筋绑好后，不准在上面踩踏行走。浇筑混凝土时派钢筋工专门负责修理，保证负弯矩筋位置的正确性。

(2)绑扎钢筋时禁止碰动预埋件及洞口模板。

(3)钢模板内面涂隔离剂时不要污染钢筋。

(4)安装电线管、暖卫管线或其他设施时，不得任意切断和移动钢筋。

6. 应注意的质量问题

(1)浇筑混凝土前检查钢筋位置是否正确，振捣混凝土时防止碰动钢筋，浇筑混凝土后立即修整甩筋的位置，防止柱筋、墙筋位移。

(2)梁钢筋骨架尺寸小于设计尺寸：配制箍筋时应按内皮尺寸计算。

(3)梁、柱核心区箍筋应加密，熟悉图纸按要求施工。

(4)箍筋末端应弯成 135°，平直部分长度为 10d。

(5)梁主筋进支座长度要符合设计要求，弯起钢筋位置准确。

(6)板的弯起钢筋和负弯矩钢筋位置应准确，施工时不应踩倒。

(7)绑板的盖铁钢筋应拉通线，绑扎时随时找正调直，防止板筋不顺直，位置不准，观感不好。

(8)绑竖向受力筋时要吊正，搭接部位绑 3 个扣，绑扣不能用同一方向的顺扣。层高超过 4 m 时，搭架子进行绑扎，并采取措施固定钢筋，防止柱、墙钢筋骨架不垂直。

(9)在钢筋配料加工时要注意，端头有对焊接头时，要避开搭接范围，防止绑扎接头内混入对焊接头。

3.5 沙场点兵

本次实操内容在项目 4 模板工程实训中有所体现，故不再多余赘述。

3.6　实训自评

表 3-4 为实训自评表，请学生如实填写。

表 3-4　实训自评表

学生自评表（根据实际情况填写表格）					
姓名：	岗位职务：	班级：	学号：	组别：	
目标			能	不全	不会
钢筋工程的技术要求和工艺的基本知识					
应用施工工具遵守操作规程完成主要钢筋构件的绑扎					

针对本次实训的情况作出一个全面的总结，要求字数不少于 500 字。

项目 4　模板工程

4.1　实训目的

了解模板的分类与构造；能应用平法制图规则读懂结构施工图中的基础、柱、梁、板的布置；了解模板配板设计原则，能根据施工图纸进行模板配板设计并绘制支撑系统布置图；掌握模板工程施工实际操作技能与质量标准。

4.2　实训内容

1. 学习模板工程的技术要求和工艺的基本知识。
2. 根据提供的图纸，完成指定构件的模板配板设计，画出配板图和支撑系统布置图。
3. 完成指定构件(基础、柱、剪力墙、梁)的模板安装，掌握模板安装工艺流程和安装要点。
4. 根据模板工程质量验收标准完成指定构件(基础、柱、剪力墙、梁)钢筋、模板安装质量验收，并填写"钢筋安装检验批质量验收记录""模板安装工程检验批质量验收记录"。
5. 完成指定构件(基础、柱、剪力墙、梁)的模板拆除。

4.3　实训认知

以××校建筑工程实训室二层楼为对象，通过指导老师现场认知讲解，了解模板工程相关知识点。收集以下图片。

锥形独立基础模板	阶梯形独立基础模板	杯口基础模板
柱模板	剪力墙模板	楼梯模板

4.4 知识链接

4.4.1 模板的分类

(1) 按材料进行分类：可分为 ＿＿＿＿＿＿、＿＿＿＿＿＿、＿＿＿＿＿＿、＿＿＿＿＿＿、＿＿＿＿＿＿、＿＿＿＿＿＿、＿＿＿＿＿＿ 等。

(2) 按结构类型进行分类：可分为 ＿＿＿＿＿＿、＿＿＿＿＿＿、＿＿＿＿＿＿、＿＿＿＿＿＿、＿＿＿＿＿＿ 等。

(3) 按施工方法进行分类：可分为 ＿＿＿＿＿＿、＿＿＿＿＿＿、＿＿＿＿＿＿ 等。

随着新结构、新技术、新工艺的采用，模板工程在不断发展，其发展方向是：构造由不定型向定型发展；材料由单一材料向多种材料发展；功能由单一功能向多种功能发展。

练习1：填写表4-1。

表4-1 模板种类与优缺点

模板种类	优点	缺点	适用工程
木模板			
胶合板模板			
钢模板			
塑料模板			
铝合金模板			

4.4.2 模板的构造

1. 木模板

木模板及其支架系统一般在加工厂或现场木工棚制成基本元件(拼板),然后再在现场拼装。

拼板的长短、宽窄可根据混凝土构件的尺寸,设计出几种标准规格,以便组合使用。拼板的板条厚度一般为25~50 mm,宽度不宜超过200 mm,以保证干缩时缝隙均匀,浇水后易于密封,受潮后不易翘曲。但梁底板的板条宽度则不受限制,以减少拼缝、防止漏浆为原则。拼条间的间距取决于所浇筑混凝土侧压力的大小和板条的厚度,多为400~500 mm。

(1)基础模板。基础模板与土质有关,如土质良好,阶梯形基础模板的最下一级可不用模板而进行原槽浇筑。阶梯形模板(图4-1)安装时,要保证上、下模板不发生相对位移,如有杯口要求的还要在其中放入杯口模板。

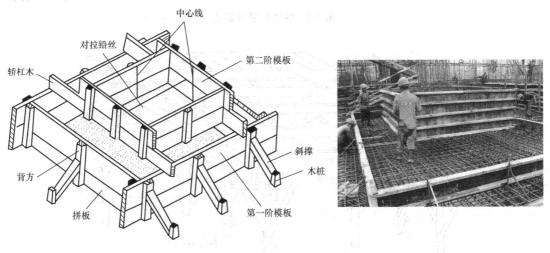

图4-1 阶梯形独立基础模板安装

(2)柱模板。柱的断面尺寸不大但是比较高,因此,柱模板的构造和安装主要考虑保证垂直度及抵抗新浇混凝土的侧压力,与此同时,也要便于浇筑混凝土、清理垃圾与钢筋绑扎等。柱模板由两块相对的内拼板夹在两块外拼板之间组成,如图4-2所示。

(3)梁模板。梁的跨度较大而宽度不大,梁底一般是架空的,混凝土对梁侧模板有水平侧压力,对梁底模板有垂直压力,因此,梁模板及其支架必须能承受这些荷载而不致发生超过规范允许的过大变形,如图4-3所示。

(4)楼板模板。楼板的面积大而厚度比较薄,侧压力小。楼板模板及其支架系统主要承受钢筋混凝土的自重及其施工荷载,保证模板不变形,如图4-3所示。楼板模板的底模板用木板条或用定型模板或用胶合板拼成,铺设在楞木上。楞木搁置在梁模板外侧托木上,若楞木面不平,可加木楔调平。当楞木的跨度较大时,中间应加设立柱,立柱上钉通长的杠木。底模板应垂直于楞木方向铺钉,并适当调整楞木间距来适应定型模板的规格。

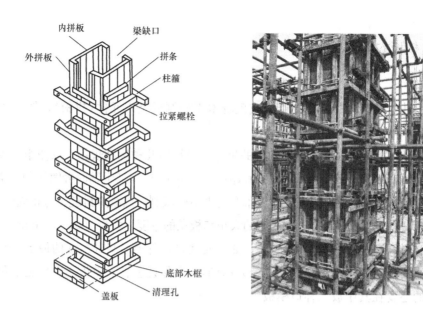

图 4-2 柱子木模板安装

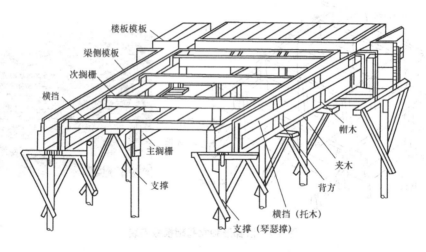

图 4-3 肋形楼盖的木模板支模

2. 组合钢模板

组合钢模板通过各种连接件和支撑件可组合成多种尺寸和几何形状,以适应各种类型建筑物钢筋混凝土梁、柱、板、墙、基础等施工所需要的模板,也可用其拼成大模板、滑模、筒模和台模等。施工时可现场直接组装,也可预拼装成大块模板或构件模板起重机吊运安装。

(1)组合钢模板的组成。组合钢模板是由模板、连接件和支撑件组成。模板包括平面模板(P)、阴角模板(E)、阳角模板(Y)、连接角模(J),此外,还有一些异形模板,如图 4-4 所示。钢模板的宽度有 100 mm、150 mm、200 mm、250 mm、300 mm 五种规格,其长度有 450 mm、600 mm、750 mm、900 mm、1 200 mm、1 500 mm 六种规格,可适应横竖拼装。

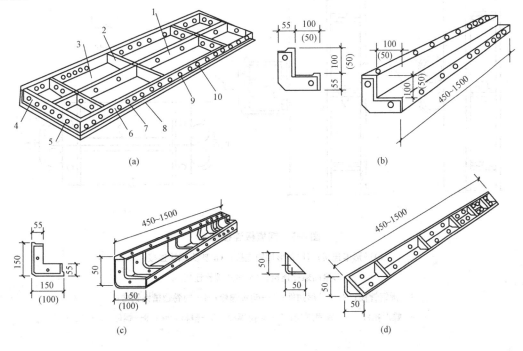

图 4-4 钢模板类型

(a)平面模板;(b)阳角模板;(c)阴角模板;(d)连接角模

1—中纵肋;2—中横肋;3—面板;4—横肋;5—插销孔;6—纵肋;7—凸棱;8—凸鼓;9—U 形卡孔;10—钉子孔

1)组合钢模板的连接件包括 U 形卡、L 形插销、钩头螺栓、对拉螺栓、紧固螺栓和扣件等,如图 4-5 所示。

2)组合钢模板的支撑件包括柱箍、钢楞、支架、斜撑、钢桁架等。

(2)钢模板配板。采用组合钢模板时,统一构件的模板展开可用不同规格的钢模作多种方式的组合排列,因而形成不同的配板方案。合理的配板方案应满足以下原则:保证构件的形状尺寸及相互位置的正确;使模板具有足够的强度、刚度和稳定性;配置的模板应优先选用通用、大块模板,使其种类和块数最少、木模镶拼量最少;应使支撑件布置简单,受力合理;模板长向拼接宜采用错开布置,以增加模板的整体刚度;模板的支撑系统应根据模板的荷载和部件的刚度进行布置;对钢模尽量采用横排或竖排,尽量不用横竖兼排的方式。

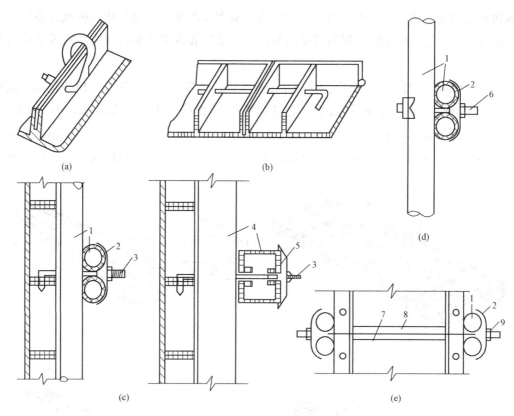

图 4-5 钢模板连接件

(a)U 形卡连接；(b)L 形插销连接；(c)钩头螺栓连接；
(d)紧固螺栓连接；(e)对立螺栓连接

1—圆钢管棱；2—"3"形扣件；3—钩头螺栓；4—内卷边槽钢钢楞；
5—蝶形扣件；6—紧固螺栓；7—对拉螺栓；8—塑料套管；9—螺母

(3)常用模板设备。常用组合钢模板配备见表 4-2。

表 4-2 常用组合钢模板配备表

名称	代号	规格	面积/m²	每块重量/kg
平模板	P3015	300×1 500×55	0.45	17.2
	P3012	300×1 200×55	0.36	13.91
	P3009	300×900×55	0.27	10.6
	P3007	300×750×55	0.225	8.79
	P3006	300×600×55	0.18	7.294
	P3004	300×450×55	0.135	5.48
	P2515	250×1 500×55	0.375	15.199
	P2512	250×1 200×55	0.3	12.277

续表

名称	代号	规格	面积/m²	每块重量/kg
平模板	P2509	250×900×55	0.225	9.35
	P2507	250×750×55	0.187 5	7.751
	P2506	250×600×55	0.15	6.424
	P2504	250×450×55	0.112 5	4.819
	P2015	200×1 500×55	0.3	11.53
	P2012	200×1 200×55	0.24	9.32
	P2009	200×900×55	0.18	7.113
	P2007	200×750×55	0.15	5.89
	P2006	200×600×55	0.12	4.89
	P2004	200×450×55	0.09	3.68
	P1515	150×1 500×55	0.225	9.516
	P1512	150×1 200×55	0.18	7.683
	P1509	150×900×55	0.135	5.851
	P1507	150×750×55	0.112 5	4.854
	P1506	150×600×55	0.09	4.12
	P1504	150×450×55	0.067 5	3.21
	P1015	100×1 500×55	0.15	7.496
	P1012	100×1 200×55	0.12	6.061
	P1009	100×900×55	0.09	4.599
	P1007	100×750×55	0.075	3.82
	P1006	100×600×55	0.06	3.22
	P1004	100×450×55	0.045	2.37
连接角模	J0015	50×50×1 500	—	3.941
	J0012	50×50×1 200	—	3.068
	J0009	50×50×900	—	2.324
	J0007	50×50×750	—	1.935
	J0006	50×50×600	—	1.569
	J0004	50×50×450	—	1.179

练习2：某框架结构现浇钢筋混凝土楼板，板厚为100 mm，其支模尺寸为3.3 m×4.95 m，楼层高度为4.5 m，采用组合钢模及钢管支架支模，要求做配板设计。

3. 竹胶合板模板

竹胶合板模板是继木模板、钢模板之后第三代模板。用竹胶合板作为模板，是当代建筑业的趋势。竹胶合板以其优越的力学性能、极高的性价比，正取代木、钢模板在建筑模板的地位。

(1)主要特点。

1)竹胶合板模板强度高、韧性好，板的静曲强度相当于木材强度的 8~10 倍，相当于木胶合板强度的 4~5 倍，可减少模板支撑的数量。

2)竹胶合板模板幅面宽、拼缝少。板材基本尺寸为 2.44 m×1.22 m，相当于 6.6 块 P3015(表示宽度 300 mm，长度 1 500 mm 的平面组合钢模板)小钢模板的面积，支模、拆模速度快。

3)板面平整、光滑，对混凝土的吸附力仅为钢模板的 1/8，容易脱模。脱模后混凝土表面平整、光滑，可取消抹灰作业，缩短装修作业工期。

4)耐水性好，水煮 6 h 不开胶，水煮冰冻仍保持较高强度。

5)竹胶合板模板防腐、防虫蛀。

6)竹胶合板模板导热系数为 0.14~0.16 W/(m·K)，远小于钢模板的导热系数，有利于冬期施工质量。

7)竹胶合板模板使用周转次数高，经济效益明显，板可双面倒用，无边框竹胶合板模板使用次数可达 20~30 次。

(2)适用范围。竹胶合板模板适用于水平模板、剪力墙、垂直墙板、高架桥、立交桥、大坝、隧道和梁柱模板等。

(3)规格尺寸。其规格尺寸一般应符合表 4-3 的规定。

表 4-3 竹胶合板模板规格   mm

长度	宽度	厚度
1 830	915	9、12、15、18
1 830	1 220	
2 135	915	
2 440	1 220	
3 000	1 500	

注：竹模板规格也可根据用户需要生产。

(4)竹胶合板模板配制要求。

1)应整张直接使用，尽量减少随意锯截，造成胶合板浪费。

2)胶合板厚度一般为 12 mm 或 18 mm，内外楞的间距，通过设计计算进行调整。

3)支撑系统选用钢管脚手架。

4)钉子长度应为胶合板厚度的 1.5~2.5 倍，每块胶合板与木楞相叠处至少钉 2 个钉子，第二块板的钉子要转向第一块模板方向斜钉，使接缝严密。

5)配置好的模板应在反面编号并写明规格,分别堆放保管,以免错用。

练习3:有一块楼板长为6 m、宽为4.2 m、板厚为110 mm,选用竹胶板,要求做配板设计。

4.4.3 模板的拆除

1. 拆除要求

混凝土成型并养护一段时间，当强度达到一定要求时，即可拆除模板。模板的拆除日期取决于混凝土硬化的快慢、模板的用途、结构的性质及环境温度。及时拆模可提高模板周转率，加快工程进度；过早拆模，混凝土会变形、断裂，甚至造成重大质量事故。现浇结构的模板及支架的拆除，如设计无规定时，应符合下列规定：

(1)侧模。应在混凝土强度能保证其表面及棱角不因拆模板而受损坏时，方可拆除；对后张法预应力混凝土结构构件，侧模宜在预应力张拉前拆除。

(2)底模及支架。底模及支架拆除时的混凝土强度应符合设计要求。设计无要求时，应在与结构同条件养护的混凝土试块达到表 4-4 规定的强度标准值时，方可拆除。请填写表 4-4 空白部分相关数值。

表 4-4 底模及支架拆除时的混凝土强度要求

构件类型	构件跨度/m	达到设计的混凝土立方体抗压强度标准值的百分率/%
板	≤2	
	>2，≤8	
	>8	
梁、拱、壳	≤8	
	>8	
悬臂构件	—	

2. 拆模顺序

拆除模板顺序及注意事项为：_____

_____

_____

_____

_____

_____

_____

_____

4.5 沙场点兵

本次模板安装内容为四个模块,分别为独立基础、框架梁、楼梯、剪力墙,涵盖了建筑结构中主要受力构件,每个模块学生应完成图纸识读、编制钢筋下料表、测量放线、施工操作、质量检测等内容。

以独立基础为代表,其他框架梁、楼梯、剪力墙参考独立基础实训过程执行。

独立基础是框架结构中常见的基础形式,一般有锥形独立基础、阶梯形独立基础、沉降缝双柱基础、伸缩缝双柱基础、钢柱基础、杯口基础等。

1. 工作准备

(1)实训分组。

一个班级学生按 8 人为一个小组,设小组长一名,每小组中应搭配好学习成绩优秀、动手能力强等不同类型的学生,并为每个小组的学生随机分配独立基础的一种类型作为本小组实训任务。

项目实操人员可按木工、架子工、木工(配模)、钢筋工等工种进行分工,见表 4-5。

表 4-5 项目实操人员分工表

序号	工种	人数	进场时间
1	木工	2	
2	架子工	2	
3	木工(配模)	2	
4	钢筋工	2	

整个实操过程中,要做好技术及管理人员分工,可设施工员、安全员、材料员、预算员、监理员等岗位,见表 4-6。

表 4-6 技术及管理人员分工及管理任务要求

序号	岗位	人数	管理任务
1	施工员	1	施工员岗位管理任务
2	安全员	1	安全员岗位管理任务
3	材料员	1	材料员岗位管理任务
4	预算员	1	预算员岗位管理任务
5	监理员	1	监理员岗位管理任务

(2)本项目实训的工具。图纸(现场分发)、尺子、木模板、方料、铁钉、扣件、锤子、安全帽、手套、扣件、测量工具等。

2. 钢筋下料计算

各小组根据分配的任务,在小组长的组织管理下进行图纸识读,弄清图纸中每一条线、每一个数据、每一个文字等代表的现实意义。再结合《混凝土结构施工图平面整体表示方法制图规则和构造详图(现浇混凝土框架、剪力墙、梁、板)》(16 G101-1)图集,对独立基础及框架柱的钢筋进行计算,并编制钢筋下料表。

3. 学生答辩

为了保证学生学习质量,减少抄袭等混学分的可能性,同时也为了检查学生对计算的掌握程度,特设计答辩环节。答辩过程中教师为主要责任人,首先对每个小组组长进行提问,主要对计算的过程、依据、原理、施工的流程、细节等内容进行提问。组长通过后就同样一些问题,培训组里各个组员,使每个学生均能完全掌握本项目的知识要点,将个人的学习转化为团队的努力,确保人人成功。

4. 独立基础施工

(1)独立基础施工工艺流程:清理→混凝土垫层→测量放线→钢筋绑扎→相关专业施工→清理→支模板→清理→混凝土搅拌→混凝土浇筑→混凝土振捣→混凝土找平→混凝土养护→模板拆除。

(2)施工过程。

1)清理及垫层浇灌:地基验槽完成后,清除表层浮土及扰动土,不留积水,立即进行垫层混凝土施工,垫层混凝土必须振捣密实、表面平整,严禁晾晒基土。

2)测量放线:根据图纸要求,在实训工位上弹出独立基础的轴线,再弹出独立基础边框线和框架柱边框线,并用粉笔在边框线上画出钢筋的位置线。

3)钢筋绑扎:垫层浇灌完成后,混凝土达到1.2 MPa后,表面弹线进行钢筋绑扎,钢筋绑扎不允许漏扣,柱插筋弯钩部分必须与底板筋呈45°绑扎,连接点处必须全部绑扎。距底板5 cm处绑扎第一个箍筋,距基础顶5 cm处绑扎最后一道箍筋,作为标高控制筋及定位筋,柱插筋最上部再绑扎一道定位筋,上、下箍筋及定位箍筋绑扎完成后将柱插筋调整到位并用井字木架临时固定,然后绑扎剩余箍筋,保证柱插筋不变形、走样。两道定位筋在基础混凝土浇完后,必须更换。钢筋绑扎好后底面及侧面搁置保护层塑料垫块,厚度为设计保护层厚度,垫块间距不得大于100 mm(视设计钢筋直径确定),以防出现露筋的质量通病。注意对钢筋的成品保护,不得任意碰撞钢筋,造成钢筋移位。

4)模板:钢筋绑扎及相关专业施工完成后立即进行模板安装,模板采用小钢模或木模,利用架子管或木方加固。锥形基础坡度<30°时,采用斜模板支护,利用螺栓与底板钢筋拉紧,防止上浮。模板上部设透气及振捣孔,坡度≤30°时,利用钢丝网(间距为30 cm)防止混凝土下坠,上口设井字来控制钢筋位置。不得用重物冲击模板,不准在吊帮的模板上搭设脚手架,保证模板的牢固和严密。

5)清理。清除模板内的木屑、泥土等杂物,木模浇水湿润,堵严板缝及孔洞。

6)混凝土现场搅拌。

①每次浇筑混凝土前1.5 h左右,由施工现场专业工长填写申报"混凝土浇灌申请书",由建设(监理)单位和技术负责人或质量检查人员批准,每一台班都应填写。

②试验员依据"混凝土浇灌申请书"填写有关资料。根据砂石含水率，调整混凝土配合比中的材料用量，换算每盘的材料用量，写配合比板，经施工技术负责人校核后，挂在搅拌机旁醒目处。定磅秤或电子秤及水继电器。

③材料用量、投放。水泥、掺合料、水、外加剂的计量误差为±2%，粗、细集料的计量误差为±3%。投料顺序为：石子→水泥、外加剂粉剂→掺合料→砂子→水→外加剂液剂。

④搅拌时间。为使混凝土搅拌均匀，自全部拌合料装入搅拌筒中起到混凝土开始卸料止，混凝土搅拌的最短时间：若为强制式搅拌机，不掺外加剂时，不少于 90 s；掺外加剂时，不少于 120 s。若为自落式搅拌机，应在强制式搅拌机搅拌时间的基础上增加 30 s。

⑤用于承重结构及抗渗防水工程使用的混凝土，采用预拌混凝土的，开盘鉴定是指第一次使用的配合比，在混凝土出厂前由混凝土供应单位自行组织有关人员进行开盘鉴定；现场搅拌的混凝土由施工单位组织建设（监理）单位、搅拌机组、混凝土试配单位进行开盘鉴定工作，共同认定试验室签发的混凝土配合比确定的组成材料是否与现场施工所用材料相符，以及混凝土拌合物性能是否满足设计要求和施工需要。如果混凝土和易性不好，可以在维持水胶比不变的前提下，适当调整砂率、水及水泥量，至和易性良好为止。

7）混凝土浇筑。混凝土应分层连续进行，间歇时间不超过混凝土初凝时间，一般不超过 2 h，为保证钢筋位置正确，先浇一层 5～10 cm 厚混凝土固定钢筋。台阶形基础每一台阶高度整体浇捣，每浇完一台阶停顿 0.5 h 待其下沉，再浇上一层。分层下料，每层厚度为振动棒的有效振动长度。防止由于下料过厚、振捣不实或漏振、吊帮的根部砂浆涌出等原因造成蜂窝、麻面或孔洞。

8）混凝土振捣。采用插入式振捣器，插入的间距不大于振捣器作用部分长度的 1.25 倍。上层振捣棒插入下层 3～5 cm。尽量避免碰撞预埋件、预埋螺栓，防止预埋件移位。

9）混凝土找平。混凝土浇筑后，表面比较大的混凝土，使用平板振捣器振一遍，然后用刮杆刮平，再用木抹子搓平。收面前必须校核混凝土表面标高，不符合要求处立即整改。

10）混凝土浇筑。浇筑混凝土时，经常观察模板、支架、钢筋、螺栓、预留孔洞和管有无走动情况，一经发现有变形、走动或位移时，立即停止浇筑，并及时修整和加固模板，然后再继续浇筑。

11）混凝土养护。已浇筑完的混凝土，应在 12 h 左右覆盖和浇水。一般常温养护不得少于 7 d，特种混凝土养护不得少于 14 d。养护设专人检查落实，防止由于养护不及时，造成混凝土表面裂缝。

12）模板拆除。侧面模板在混凝土强度能保证其棱角不因拆模板而受损坏时方可拆模，拆模前设专人检查混凝土强度，拆除时采用撬棍从一侧顺序拆除，不得采用大锤砸或撬棍乱撬，以免造成混凝土棱角破坏。

5. 质量检查验收

教师就如何检测独立基础施工质量进行讲解和示范后，各小组先检测自己组的施工质量，再随机检测其他小组的施工质量，并将检测的数据填写到质量检测记录单。检查并填写表4-7、表4-8。

表4-7 钢筋安装检验批质量验收记录

单位(子单位)工程名称				分部(子分部)工程名称		分项工程名称	
施工单位				项目负责人		检验批容量	
分包单位				分包单位项目负责人		检验批部位	
施工依据				《混凝土结构工程施工规范》GB 50666—2011	验收依据	《混凝土结构工程施工质量验收规范》GB 50204—2015	
		验收项目		设计要求及规范规定	最小/实际抽样数量	检查记录	检查结果
主控项目	1	受力钢筋的牌号、规格和数量		第5.5.1条	/		
	2	受力钢筋的安装位置、锚固方式		第5.5.2条	/		
一般项目	1	绑扎钢筋网	长、宽/mm	±10	/		
			网眼尺寸/mm	±20	/		
	2	绑扎钢筋骨架	长/mm	±10	/		
			宽、高/mm	±5	/		
	3	纵向受力钢筋	锚固长度/mm	−20	/		
			间距/mm	±10	/		
			排距/mm	±5	/		
		纵向受力钢筋、箍筋的混凝土保护层厚度/mm	基础	±10	/		
			柱、梁	±5	/		
			板、墙、壳	±3	/		
	4	绑扎箍筋、横向钢筋间距/mm		±20	/		
	5	钢筋弯起点位置/mm		20	/		
	6	预埋件	中心线位置/mm	5			
			水平高差/mm	+3,0			
施工单位检查结果						专业工长：项目专业质量检查员：年 月 日	
监理单位验收结论						专业监理工程师：年 月 日	

表 4-8 模板安装检验批质量验收记录

单位(子单位)工程名称				分部(子分部)工程名称			分项工程名称		
施工单位				项目负责人			检验批容量		
分包单位				分包单位项目负责人			检验批部位		
施工依据				《混凝土结构工程施工规范》GB 50666—2011		验收依据	《混凝土结构工程施工质量验收规范》GB 50204—2015		
		验收项目			设计要求及规范规定	最小/实际抽样数量	检查记录		检查结果
主控项目	1	模板和支架材料的外观、规格和尺寸			第4.2.1条	/			
	2	模板及支架的安装质量			第4.2.2条	/			
	3	后浇带处的模板及支架设置			第4.2.3条	/			
	4	支架竖杆和竖向模板安装在土层上的要求			第4.2.4条	/			
一般项目	1	模板安装的质量要求			第4.2.5条	/			
	2	隔离剂的品种和涂刷方法、避免隔离剂沾污、造成污染			第4.2.6条	/			
	3	模板起拱高度			第4.2.7条	/			
	4	多层连续支模的要求			第4.2.8条	/			
	5	预埋件和预留孔洞的安装允许偏差	预埋中心线位置/mm		3	/			
			预埋管、预留孔中心线位置/mm		3	/			
			插筋	中心线位置/mm	5	/			
				外露长度/mm	+10,0	/			
			预埋螺栓	中心线位置/mm	2	/			
				外露长度/mm	+10,0	/			
			预留洞	中心线位置/mm	10	/			
				尺寸/mm	+10,0	/			
	6	模板安装允许偏差	轴线位置		5	/			
			底模上表面标高/mm		±5	/			
			模板内部尺寸/mm	基础	±10	/			
				柱、墙、梁	±5	/			
				楼梯相邻踏步高差	5	/			
			柱、墙垂直度/mm	层高≤6 m	8	/			
				层高>6 m	10	/			
			相邻两板表面高低差/mm		2	/			
			表面平整度/mm		5	/			

续表

单位(子单位)工程名称						分部(子分部)工程名称		分项工程名称	
施工单位						项目负责人		检验批容量	
分包单位						分包单位项目负责人		检验批部位	
施工依据					《混凝土结构工程施工规范》GB 50666—2011	验收依据		《混凝土结构工程施工质量验收规范》GB 50204—2015	
验收项目						设计要求及规范规定	最小/实际抽样数量	检查记录	检查结果
一般项目	7	预制构件模板安装的允许偏差及检验方法	长度/mm	梁、板		±4	/		
				薄腹梁		±8	/		
				柱		0，-10	/		
				墙板		0，-5	/		
			宽度/mm	板、墙板		0，-5	/		
				梁、薄腹梁、桁架		+2，-5	/		
			高(厚)度/mm	板		+2，-3	/		
				墙板		0，-5	/		
				梁、薄腹梁、桁架、柱		+2，-5	/		
			侧向弯曲/mm	梁、板、柱		$L/1000$ 且 ≤15	/		
				墙板、薄腹梁、桁架		$L/1500$ 且 ≤15	/		
			板的表面平整度/mm			3	/		
			相邻模板表面高差/mm			1	/		
			对角线差/mm	板		7	/		
				墙板		5	/		
			翘曲/mm	板、墙板		$L/1500$	/		
			设计起拱/mm	薄腹梁、桁架、梁		±3	/		

施工单位检查结果	专业工长： 项目专业质量检查员： 年 月 日
监理单位验收结论	专业监理工程师： 年 月 日

6. 工完料清

各小组在完成所有计算、操作和质检后，得到老师的许可，将成品拆除，拆除时应小心，特别是铁钉拔出时用力应小，不得破坏模板。拆除后将各种材料、工具等按指定位置和要求放回集成箱中，并将操作工位的卫生打扫好，废弃的扎丝和铁钉等放到指定位置以便处理。

4.6 实训自评

表 4-9 为实训自评表，请学生如实填写。

表 4-9 实训自评表

学生自评表（根据实际情况填写表格）			
姓名： 岗位职务： 班级： 学号： 组别：			
目标	能	不全	不会
模板工程的技术要求和工艺的基本知识			
梁、板、柱的配模			
梁、板、柱模板的安装工作			
梁、板、柱模板的拆除工作			

针对本次实训的情况作出一个全面的总结，要求字数不少于 500 字。

_____
_____
_____
_____
_____
_____
_____
_____
_____
_____
_____
_____
_____

项目 5　混凝土工程

5.1　实训目的

掌握混凝土的制备方法；了解混凝土的施工机械；掌握混凝土浇筑和养护方法；掌握混凝土工程的质量标准及检查方法；了解混凝土缺陷处理常用方法。

5.2　实训内容

1. 学习现行混凝土与钢筋混凝土施工规范中有关混凝土工程的技术要求和工艺的基本知识。
2. 用回弹仪测试结构实体混凝土强度。
3. 到施工现场或商品混凝土站参观实习。
4. 分析并解决混凝土常见的质量问题。

5.3　实训认知

参观施工现场或商品混凝土站现场，通过指导老师现场认知讲解，了解混凝土工程相关知识点。收集以下图片。

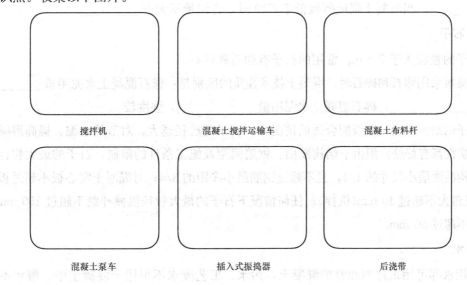

搅拌机　　　　　　　混凝土搅拌运输车　　　　　混凝土布料杆

混凝土泵车　　　　　插入式振捣器　　　　　　　后浇带

5.4 知识链接

5.4.1 混凝土的组成材料

1. 水泥

品种：硅酸盐水泥、普通硅酸盐水泥、矿渣水泥、火山灰水泥、粉煤灰水泥、复合硅酸盐水泥。

贮存：防止受潮，离地、离墙 30 cm 以上；贮存时间不大于 3 个月。

水泥的品种和成分不同，其凝结时间、早期强度、水化热和吸水性等性能也不相同，应按适用范围选用。

(1)在普通气候环境或干燥环境下的混凝土、严寒地区的露天混凝土应优先选用_____。

(2)高强度混凝土(大于 C40)、要求快硬的混凝土、有耐磨要求的混凝土应优先选用_____。

(3)高温环境或水下混凝土应优先选用_____。

(4)厚大体积的混凝土应优先选用_____。

(5)有抗渗要求的混凝土应优先选用_____。

(6)有耐磨要求的混凝土应优先选用_____。

2. 砂

砂的粒径为 0.16～5 mm。按来源不同可分为：海砂、山砂、河砂；按粗细不同可分为：粗砂、中砂、细砂。注意对含泥量和有害杂质的控制。

当混凝土强度等级高于或等于 C30 时(或有抗冻、抗渗要求)，含泥量不大于_____；当混凝土强度等级低于 C30 时，含泥量不大于_____。

3. 石子

石子的粒径大于 5 mm。常用的石子有卵石和碎石。

粗集料采用卵石和碎石时，混凝土技术性质的区别是：卵石混凝土水泥用量_____，强度偏_____；碎石混凝土水泥用量_____，强度较_____。

石子的最大粒径：在级配合适的情况下，石子的粒径越大，对节约水泥、提高混凝土强度和密实性都有好处。但由于结构断面、钢筋间距及施工条件的限制，石子的最大粒径不得超过结构截面最小尺寸的 1/4，且不超过钢筋最小净距的 3/4；对混凝土实心板不超过板厚的 1/3，且最大不超过 40 mm(机拌)；任何情况下石子的最大粒径机械拌制不超过 150 mm，人工拌制不超过 80 mm。

4. 水

饮用水都可用来拌制和养护混凝土，污水、工艺废水不得用于混凝土中。海水不得用来拌制配筋结构的混凝土。

5. 外加剂

品种：减水剂、加气剂、早强剂、缓凝剂、防水剂、抗冻剂、膨胀剂、保水剂、阻锈剂等。

其中，减水剂的作用是：_____。

加气剂的作用是：_____。

早强剂的作用是：_____。

6. 外掺料

采用硅酸盐水泥或普通硅酸盐水泥拌制混凝土时，为节约水泥和改善混凝土的工作性能，可掺用一定的混合材料，外掺料一般为当地的工业废料或廉价地方材料。外掺料质量应符合国家现行标准的规定，其掺量应经试验确定。

掺入适量粉煤灰的作用是：_____。

掺入适量火山灰的作用是：_____。

5.4.2 混凝土的主要指标

1. 和易性

和易性是指混凝土在搅拌、运输、浇筑等施工过程中保持成分均匀、不分层离析，成型后混凝土密实、均匀的性能。

(1)混凝土和易性指标及测定。目前尚无全面反映混凝土拌合物和易性的指标和简单测定方法。混凝土的和易性指标见表5-1，根据对和易性的需求不同，混凝土有塑性混凝土和干硬性混凝土之分。塑性混凝土的和易性一般用坍落度测定，干硬性混凝土则用工作度试验确定。

表5-1 混凝土的和易性指标

混凝土名称	坍落度/mm	工作度/s
流动性混凝土	50～80	5～10
低流动性混凝土	10～30	15～30
干硬性混凝土	0	30～180

坍落度测定主要反映混凝土在自重作用下的流动性，以目测和经验评定其黏聚性和保水性，如图5-1所示。

(2)影响混凝土和易性的因素为：_____

_____

_____

_____

图 5-1 混凝土坍落度试验

2. 混凝土强度

混凝土以抗压强度作为控制和评定混凝土质量的主要指标。混凝土抗压强度是边长为_____的立方体试件,在标准条件下(_____)养护_____后,按标准试验方法测得,据此来划分混凝土强度等级。

混凝土强度等级分为_____个,分别为_____。

影响混凝土强度的主要因素为:_____

_____

_____

_____

_____

5.4.3 混凝土配料

施工配料是按现场使用搅拌机的装料容量进行搅拌一次(盘)的装料数量的计算。它是保证混凝土质量的重要环节之一,影响施工配料的因素主要有两个:一是原材料的过秤计量;二是砂石集料要按实际含水率进行施工配合比的换算。

1. 原材料计量

要严格控制混凝土配合比,严格对每盘混凝土的原材料过秤计量,每盘称量允许偏差为:水泥及掺合料±2%、砂石±3%、水及外加剂±2%。衡器应定期校验,雨天应增加砂石含水率的检测次数。

2. 施工配合比的换算

砂石含水率的换算是在已知水、水泥、砂、石的质量和砂、石含水率的情况下进行,换算时:

水泥 C,质量不变;

砂 S,质量=原配合比砂质量 $S(1+$砂的含水率 $W_S)$

石 G，质量＝原配合比石质量 $G(1+$石的含水率 $W_G)$

水 W，质量＝原配合比水质量 W－原砂质量 $S×$含水率 W_S－原石质量 $G×$含水率 W_G

即"二加一减，水泥不变"。

练习1：某钢筋混凝土工程的混凝土试验室配合比为 $1：2.28：4.47$，水胶比为0.63，每立方米混凝土的水泥用量为285 kg，现场测得砂、石含水率分别为3%和1%。

问题：混凝土的施工配合比与调整后的每立方米混凝土材料用量是多少？

5.4.4 混凝土的搅拌及运输

1. 搅拌机选择

混凝土搅拌机按其搅拌原理,分为自落式和强制式两类。

(1)自落式搅拌机。混凝土拌合料在鼓筒内作自由落体式翻转搅拌,适宜搅拌塑性混凝土和低流动性混凝土,如图 5-2 所示。自落式搅拌机搅拌力量小、动力消耗大、效率低,正日益被强制式搅拌机所取代。

图 5-2 自落式双锥反转出料混凝土搅拌机

(2)强制式搅拌机。混凝土拌合料搅拌作用强烈,适宜搅拌干硬性混凝土和轻集料混凝土。搅拌质量好、速度快、生产效率高、操作简便安全,但机件磨损较严重。强制式搅拌机有立轴和卧轴之分,立轴式搅拌机不宜用于搅拌流动性大的混凝土;卧轴式搅拌机具有适用范围广、搅拌时间短、搅拌质量好等优点,是大力推广的机型,如图 5-3 所示。

图 5-3 双卧轴强制式混凝土搅拌机

2. 搅拌制度

(1)搅拌机的装料容量。搅拌机容量有几何容量、进料容量和出料容量三种标示。几何容量是指搅拌筒内的几何容积,进料容量是指搅拌前搅拌筒可容纳的各种原材料的累计体积,出料容量是每次从搅拌筒内可卸出的最大混凝土体积。

为使搅拌筒内装料后仍有足够的搅拌空间,一般进料容量与几何容量的比值为0.22~0.50,称为搅拌筒的利用系数。出料容量与进料容量的比值称为出料系数,一般为0.60~0.7。在计算出料量时,可取出料系数0.65。

(2)混凝土搅拌时间。搅拌时间是指_____。其与搅拌机类型、鼓筒尺寸、坍落度、集料粒径等有关,见表5-2。

表5-2 混凝土搅拌的最短时间   s

混凝土坍落度/mm	搅拌机机型	搅拌机出料量		
		<250 L	250~500 L	>500 L
≤30	强制式	60	90	120
	自落式	90	120	150
>30	强制式	60	60	90
	自落式	90	90	120

注:1. 当掺有外加剂时,搅拌时间应当适当延长。
    2. 全轻混凝土、砂轻混凝土搅拌时间应当延长60~90 s。

(3)投料顺序。投料顺序应考虑提高搅拌质量,减少拌合物与搅拌筒的粘结,减少水泥飞扬,改善工作环境。常用的有_____、_____和_____等。

(4)混凝土搅拌的注意事项。

1)混凝土配合比必须在搅拌站旁挂牌公布,接受监督和检查。

2)严格控制水胶比和坍落度,未经试验人员同意不得随意加减用水量。

3)混凝土掺用外加剂时,外加剂应与水泥同时进入搅拌机,搅拌时间相应延长50%~100%;当外加剂为粉状时,应先用水稀释,然后与水一同加入。

4)搅拌第一盘混凝土时,考虑搅拌机筒壁要吸附一部分水泥浆,只加规定石子质量的一半,俗称"减半石混凝土"。

5)搅拌好的混凝土要基本卸尽,在全部混凝土卸出之前不得再投入拌合料,严禁采用边出料、边进料的方法。

6)当混凝土搅拌完毕或预计停歇时间超过1 h以上时,应将搅拌机内余料倒出,用清水清理搅拌机。

7)每班至少应分两次检查材料的质量及每盘的用量,确保工程质量。

3. 混凝土的运输

(1)运输要求。

1)运输过程中不分层、不离析。

2)尽量缩短运输时间,减少转运次数。为保证浇捣在初凝前完成,从卸出至浇完的时间应限定。

3)保证连续浇筑。

4)容器严密、不漏浆,容器内壁平整、光洁、不吸水。

(2)水平运输。

1)地面水平运输工具:较短距离(<1 km):手推车、机动翻斗车;较长距离(<10 km):自卸汽车;长距离:混凝土搅拌运输车。

2)楼面水平运输:双轮手推车,塔式起重机兼顾,混凝土泵加布料杆。

(3)垂直运输工具。

1)井架:配合自动翻斗车、手推车。

2)塔式起重机:配合吊斗。可完成垂直、水平运输及浇筑任务。

3)混凝土泵。

(4)混凝土输送泵。我国目前主要采用活塞泵,液压驱动。混凝土输送泵可分为拖式泵(图5-4)和车载泵(图5-5)两大类。

图5-4 三一重工 HBT 系列拖式泵　　　图5-5 三一重工 HBC 系列车载泵

请问:拖式泵(固定式泵)和车载泵(移动式泵)各有什么特点?

_____
_____
_____
_____
_____
_____
_____

(5)混凝土泵车。混凝土泵车均装有3~5节折叠式全回转布料臂,液压操作。最大理论输送能力为150 m³/h,最大布料高度为51 m,布料半径为46 m,布料深度为35.8 m。可在布料杆的回转范围内直接进行浇筑,如图5-6、图5-7所示。

图 5-6 三一重工 THB 泵车

图 5-7 三一重工 THB 泵车在上海环球金融中心地下室工程浇筑混凝土

(6)混凝土布料杆。可根据现场混凝土浇筑的需要将布料杆设置在合适位置,布料杆有固定式、移动式(图 5-8)、内爬式(图 5-9)、船用式等。

图 5-8 施工现场的移动式布料杆

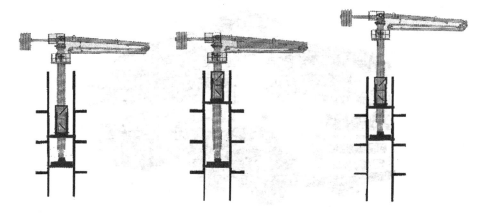

图 5-9　内爬式布料杆的爬升过程

5.4.5　混凝土浇筑与振捣

1. 混凝土施工缝的留设

由于施工技术或施工组织的原因,不能连续将结构整体浇筑完成,预计间隙时间将超过规定时间时,应预先选定适当的部位留置施工缝,施工缝宜留在结构受_____的部位。

(1)柱子应留水平缝,柱子施工缝宜留在基础的_____面、梁或吊车梁牛腿的_____面、吊车梁的_____面、无梁楼板柱帽的_____面,如图 5-10 所示。

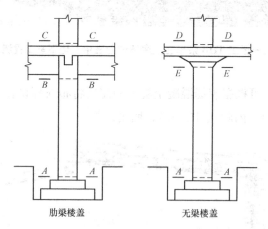

图 5-10　柱子留设施工缝的位置

(2)与板连成整体的大断面梁(高度大于 1 m 的梁),施工缝留在板底以下_____处;当板下有梁托时,留在梁托_____面。

(3)单向板的施工缝留在平行于板的_____边的任何位置。

(4)有主、次梁的楼板宜顺着_____梁方向浇筑,施工缝应留在_____梁跨度的_____范围内,如图 5-11 所示。

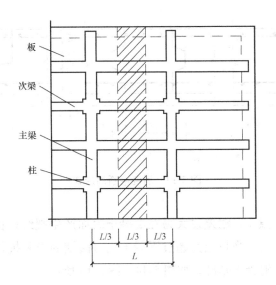

图 5-11 肋形楼盖施工缝位置

(5)墙体的施工缝可留在门洞口过梁_____范围内,也可留在纵横墙的交接处。

(6)双向受力楼板、大体积混凝土结构、拱、蓄水池、多层刚架的施工缝应按设计要求留置施工缝。

2. 后浇带的设置

后浇带是防止因温度变化和混凝土收缩导致结构产生裂缝的有效措施。后浇带的间距由设计确定,一般为_____m,后浇带的保留时间一般为_____d,最少应为_____d,后浇带宽度一般为_____cm,后浇带处的钢筋_____(断开/不断开),如图 5-12 所示。

图 5-12 楼面板后浇带的留设

将后浇带断面形式填于图 5-13 对应位置。

3. 大体积混凝土的浇筑方法

大体积混凝土浇筑后水化热量大,水化热积聚在内部不易散发,而混凝土表面又散热

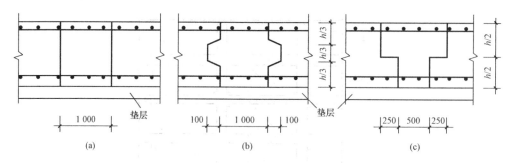

图 5-13 后浇带断面形式

很快,形成较大的内外温差,温差过大易在混凝土表面产生裂纹;在浇筑后期,混凝土内部又会因收缩产生拉应力,当拉应力超过混凝土当时龄期的极限抗拉强度时,就会产生裂缝,严重时会贯穿整个混凝土基础,如图 5-14、图 5-15 所示。

图 5-14 筏板基础大体积混凝土浇筑

图 5-15 烟囱基础大体积混凝土浇筑

(1)浇筑方案。高层建筑或大型设备的基础,基础的厚度、长度及宽度大,往往不允许留施工缝,要求一次连续浇筑。施工时应分层浇筑、分层捣实,但又要保证上、下层混凝土在初凝前结合好,可根据结构大小、混凝土供应情况采用以下三种方式,将大体积混凝土浇筑方案填于图 5-16 对应位置。

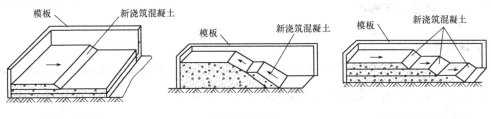

图 5-16 大体积混凝土浇筑方案

(2)防止大体积混凝土温度裂缝的技术措施有哪些?

_____
_____
_____
_____
_____

4. 混凝土的振动密实

混凝土振动密实的原理:振动机械将振动能量传递给混凝土拌合物时,混凝土拌合物中所有的集料颗粒都受到强迫振动,呈现出所谓的"重质液体状态",因而混凝土拌合物中的集料犹如悬浮在液体中,在其自重作用下向新的稳定位置沉落,排除存在于混凝土拌合物中的气体,消除孔隙,使集料和水泥浆在模板中得到致密的排列。

振动机械按其工作方式分为 4 种,请在图 5-17 中指出,并回答每种振捣设备的适用范围。

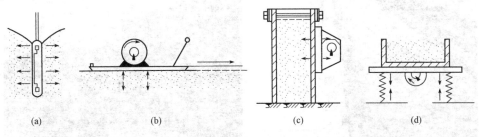

图 5-17 振动机械

适用范围:_____
_____
_____
_____
_____

5.4.6 混凝土的养护

1. 自然养护

自然养护是指在常温下(平均气温不低于 5 ℃)用适当的材料覆盖混凝土并适当浇水,使混凝土在一定时间内在湿润状态下硬化,如图 5-18 所示。

具体规定:

(1)浇筑完毕后,在_____h 内覆盖浇水。

(2)硅酸盐水泥、普通硅酸盐水泥、矿渣硅酸盐水泥拌制的混凝土不少于_____d。

(3)火山灰质硅酸盐水泥、粉煤灰硅酸盐水泥拌制的混凝土不少于_____d。

(4)掺缓凝剂或有抗渗要求的混凝土不少于_____d。

(5)浇水次数:满足足够湿润状态为准(15 ℃左右,每天 2～4 次)。

(6)混凝土强度达到_____N/mm² 后,方可上人和施工。

2. 加热养护

加热养护是通过对混凝土加热来加速其强度的增长,加热养护的方法很多,常用的有蒸汽养护(图 5-19)、热膜养护、太阳能养护等。

图 5-18 自然养护

图 5-19 蒸汽养护

5.4.7 混凝土的质量检查

1. 搅拌和浇筑中的检查

(1)原材料的品种、规格、质量和用量,每班检查不少于 2 次。

(2)在浇筑地点的坍落度,每班检查不少于 2 次。

(3)及时调整施工配合比(当有外界影响时)。

(4)搅拌时间随时检查。

2. 混凝土养护后的检查

(1)外观检查。

1)表面缺陷:无麻面、蜂窝、孔洞、露筋、缺棱掉角、缝隙夹层等缺陷,如图5-20所示;

2)尺寸偏差:位置、标高、截面尺寸、垂直度、平整度、预埋设施、预留孔洞。

(a)　　　　　　　　　　(b)　　　　　　　　　　(c)

图5-20　混凝土的表面缺陷

(a)墙体蜂窝;(b)柱子露筋;(c)柱子烂根

(2)混凝土的强度检验。

1)混凝土试件的取样与留置。混凝土试件应在混凝土的浇筑地点随机抽取试样,取样与试件留置应符合下列规定:

①每100盘且不超过100 m^3 的同一配合比的混凝土,取样不得少于一次;

②每工作班的同一配合比的混凝土不足100盘时,取样不得少于一次;

③一次连续浇筑超过1 000 m^3 时,同一配合比的混凝土每200 m^3 取样不得少于一次;

④每一楼层、同一配合比的混凝土,取样不得少于一次;

⑤每次取样应至少留置一组(3个)标准养护试件,同条件养护试件的留置组数应根据实际需要确定。

每组三个试件应在浇筑地点的同一盘混凝土中取样制作。

2)每组试件强度的确定。每组(3个)试块强度代表值的确定:

①强度与中间值之差均不超过15%时——取平均值;

②有一个与中间值之差超过15%时——取中间值;

③最大、最小值与中间值之差均超过15%时——作废。

问题:有三组试块的强度,第一组为17.6 N/mm^2、20.1 N/mm^2、22.9 N/mm^2;第二组为17.6 N/mm^2、20.2 N/mm^2、24.8 N/mm^2;第三组为16.5 N/mm^2、20 N/mm^2、25.6 N/mm^2。试求三组混凝土试件强度代表值。

3. 混凝土非破损检验

由于施工质量不良、管理不善，试件与结构中混凝土质量不一致，或对试件试验结果有怀疑时，可采用钻芯取样或回弹法、超声回弹综合法等非破损检验方法，如图 5-21 所示，按有关规定进行强度推定。

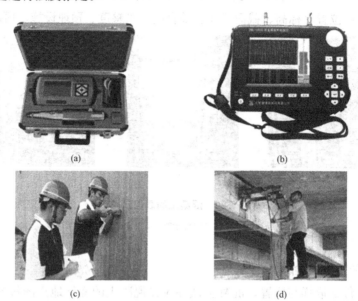

图 5-21 混凝土非破损检验
(a)数字回弹仪；(b)非金属超声检测仪；(c)回弹法检测；(d)混凝土结构钻芯取样

5.4.8 混凝土的缺陷与处理

1. 缺陷

麻面、露筋、蜂窝、孔洞、缝隙及夹层、缺棱掉角、裂缝、强度不足等。

2. 处理

问题：混凝土质量缺陷的修补方法主要有哪几种？并对每种方法进行简要介绍。

5.5 沙场点兵

5.5.1 回弹法检测混凝土的强度

1. 实训目的

(1)了解回弹仪的基本构造、基本性能、工作原理和使用方法。

(2)掌握回弹法检测混凝土强度的基本步骤和方法。

(3)熟悉回弹法检测混凝土抗压强度的技术规程,并能根据试验结果分析计算出混凝土的抗压强度。

2. 试验原理及方法

回弹仪法是利用混凝土的强度与表面硬度间存在的相关关系,用检测混凝土表面硬度的方法来间接检验或推定混凝土强度。回弹法是回弹仪内拉簧驱动的重锤,以一定的弹性势能,通过混凝土表面,使局部混凝土发生变形并吸收一部分弹性势能,剩余的弹性势能则以动能的形式使重锤回弹并带动指针滑块,得到重锤回弹高度的回弹值。回弹值的大小与混凝土表面的弹、塑性质有关,其回弹值与表面硬度之间也存在相关关系,回弹值越大,说明表面硬度越大、抗压强度越高,反之越低。

回弹法在实际应用中,一般是将混凝土抗压强度与回弹值之间的对应关系,以表格的形式提供使用。由于测试方向、水泥品种、养护条件、龄期、碳化深度等的不同,所测回弹值均有所不同,应予以修正;然后,再查相应的混凝土强度关系图表,求得所测混凝土强度。该法不能反映混凝土内部质量,是一种适用于普查混凝土强度的简便、快速的方法。

3. 实训仪器

混凝土回弹仪、粉笔、1%的酚酞酒精试剂。

4. 试验操作步骤

(1)回弹仪率定。回弹仪使用前应定期在洛式硬度为HRC60±2的钢砧上进行率定,率定的目的是保证回弹仪弹击动能的恒定。率定宜在气温为20 ℃±5 ℃的条件下进行,率定时,将钢砧置于刚性较好的基础上,摆放平稳,然后回弹仪在钢砧上垂直向下进行弹击率定,率定时弹击杆应旋转4次,每次旋转90°左右,弹击3~5次,取连续3次稳定值计算回弹平均值,弹击杆每旋转一次的率定平均值应符合80±2的要求。不符合要求时,可通过调整顶部螺栓来实现。

(2)测区及测点布置。根据需要布置测区,每测区面积约为$20 \times 20 \ cm^2$,每测区弹击16点。每一构件的测区,应符合下列要求:

1)对长度不小于3 m的构件,其测区数不少于10个;对长度小于3 m且高度低于0.6 m的构件,其测区数量可适当减少,但不应少于5个。

2)相邻两测区的间距应控制在2 m以内,测区离构件边缘的距离不宜大于0.5 m。

3)测区应选在使回弹仪处于水平方向,检测混凝土浇筑侧面。当不能满足这一要求时,方可选在使回弹仪处于非水平方向,检测混凝土浇筑侧面、表面或底面。

4)测区宜选在构件的两个对称可测面上,也可选在一个可测面上且应均匀分布。在构件的受力部位及薄弱部位必须布置测区,并应避开预埋件。

5)检测面应为原状混凝土面,并应清洁、平整,不应有疏松层、浮浆、油垢以及蜂窝、麻面,必要时可用砂轮清除疏松层和杂物,且不应有残留的粉末或碎屑。

6)对于弹击时会产生颤动的薄壁、小型构件,应设置支撑固定。

7)结构或构件的测区应标有清晰的编号,必要时应在记录纸上描述测区布置示意图和外观质量情况。

(3)回弹值的测量。回弹仪使用时的环境温度应为-4℃~+40℃。检测时,将弹击杆垂直对准具有代表性的被测位置,然后使仪器的冲锤借弹簧的力量打击冲杆,根据与冲杆头部接触处的混凝土试件表面的硬度,冲锤将回弹到一定位置,可以按刻度尺上的指针读出回弹值。回弹仪的轴线应始终垂直于结构或构件的混凝土检测面,缓慢施压,准确读数,快速复位。测区、测点布置见《回弹法检测混凝土抗压强度技术规程》(JGJ/T 23—2011),每测区面积不宜大于 0.04 m²,共弹击 16 点,同一测点只应弹击一次。

(4)碳化深度测量。

1)回弹值测量完毕后,应在有代表性的位置上测量碳化深度值。测点不应少于构件测区数的30%,取其平均值作为该构件每测区的碳化深度值。当碳化深度值级差大于 2.00 mm 时,应在每一测区测量混凝土的碳化深度。

2)用合适的工具在测区表面钻直径约为 15 mm 的孔洞,其深度略大于碳化深度,将孔洞中的粉末和碎屑除净,不得用水清洗;然后,用1%酚酞酒精溶液滴在孔洞内壁边缘处。已碳化部分不变色,未碳化部分混凝土变成紫红色。当已碳化与未碳化界限清楚时,再用深度测量工具测量已碳化和未碳化混凝土交界面到混凝土表面的垂直距离,测量次数不少于 3 次,取其平均值,每次读数精确到 0.5 mm。

(5)试验结果及分析。

1)回弹值的计算。每测区共弹击 16 点,16 个回弹值中,分别剔除 3 个最大值和最小值,取余下 10 个回弹值的平均值为测区代表值,其计算公式为:

$$R_m = \frac{1}{10}\sum_{i=1}^{10} R_i$$

式中 R_m——测区平均回弹值,精确至 0.1;

R_i——第 i 个测点的回弹值。

当回弹仪非水平方向检测混凝土浇筑侧面时,应按下式换算为水平方向测试时的测区平均回弹值。

$$R_m = R_{m\alpha} + R_{a\alpha}$$

式中 $R_{m\alpha}$——回弹仪与水平方向呈 α 角测试时测区的平均回弹值,精确至 0.1;

$R_{a\alpha}$——非水平方向检测时回弹修正值,计算至 0.1。其取值可按《回弹法检测混凝土抗压强度技术规程》(JGJ/T 23—2011)附录 C 采用。

当回弹仪水平方向测试混凝土浇筑表面或底面时应按下式换算为测试混凝土浇筑侧面的测区平均回弹值。

$$R_m = R_m^t + R_a^t$$
$$R_m = R_m^b + R_a^b$$

式中　R_m^t，R_m^b——回弹仪测试混凝土浇筑表面、底面时的测区平均回弹值，精确至 0.1；
　　　R_a^t，R_a^b——混凝土浇筑表面、底面回弹值的修正值，精确至 0.1。其取值按《回弹法检测混凝土抗压强度技术规程》(JGJ/T 23—2011)附录 D 采用。

如测试时仪器既非水平方向而测区又非混凝土浇筑侧面，则应对回弹值先进行角度修正，再进行浇筑面修正。

2)碳化深度值计算。测区的平均碳化深度值按该测区所有测点的碳化深度取平均值计算。计算出的平均碳化深度值 $\bar{L}$ 如小于或等于 0.4 mm，则按无碳化(即平均碳化深度为 0)处理；如等于或大于 6 mm，则按平均碳化深度值 $\bar{L}$ 等于 6 mm 计算。此时，可根据回弹值和碳化深度查《回弹法检测混凝土抗压强度技术规程》(JGJ/T 23—2011)附录 A，查表可得出测区混凝土强度。

3)回弹法测强回归方程。影响混凝土表面硬度的因素(如碳化深度、水泥品种及用量、集料品种及用量、水泥水化程度、含水率、构件表面温度等)都对回弹值有影响。回弹规程根据北京、陕西、重庆、成都、湘潭、天津、合肥、广州、哈尔滨及武汉等十二个地区，2000 多个基本数据，选用 16 种回归形式，51 种组合，共计算了 300 多个回归方程，最后，选定的统一测强曲线的回归方程为：

$$f_{cu,i}^c = 0.024\ 97 R_m^{2.0108} \times 10^{-0.035\ 8\bar{L}_t}$$

式中　$f_{cu,i}^c$——测区混凝土抗压强度(MPa)；
　　　R_m——测区平均回弹值；
　　　$\bar{L}_t$——测区平均碳化深度(mm)。

回归方程式的强度平均相对误差 δ 为 ±14.0%，强度相对标准差 e_r 为 18.0%，相关系数 r 为 0.87。

4)混凝土实测强度评定。根据工程实际情况及结构或构件混凝土强度检测评定的要求，对同批结构或构件(强度等化合比、生产工艺相同，龄期相近)可抽样评定，对单个结构或构件可单个评定。

试样混凝土强度平均值 $m_{f_{cu}^c}$ (MPa)按下式计算：

$$m_{f_{cu}^c} = \frac{1}{n}\sum_{i=1}^{n} f_{cu,i}^c$$

$$S_{f_{cu}^c} = \sqrt{\frac{\sum_{i=1}^{n}(f_{cu,i}^c)^2 - n(mf_{cu}^c)^2}{n-1}}$$

式中　$f_{cu,i}^c$——试样第 i 测区混凝土强度值(MPa)，精确至 ±0.1 MPa。它同该测区平均回

弹值 R_m 和平均碳化深度 $\bar{L}$ 有关；

$\quad n$——对单个检测的构件，取一个构件的测区数；对批量检测的构件，取被抽检测区数之和；

$\quad S_{f_{cu}}$——结构或构件测区混凝土强度的标准差(MPa)，精确至 0.01 MPa。

备注：测区混凝土强度换算值是指按《回弹法检测混凝土抗压强度技术规程》(JGJ/T 23—2011)检测的回弹值和碳化深度值，换算成相当于被测结构或构件的测区在该龄期下的混凝土抗压强度值。

结构或构件混凝土强度推定值 $f_{cu,e}$ 应按下列公式确定：

① 当按单个构件检测时，以最小值作为该构件的混凝土的强度推定值：

$$f_{cu,e} = f_{cu,\min}^{c}$$

② 当按批量检测时，应按下列公式中的较大值为该批构件的混凝土强度推定值，即

$$f_{cu,e1} = m_{f_{cu}} - 1.645 S_{f_{cu}}$$

式中 $m_{f_{cu,\min}}$——该批每个构件中最小的测区混凝土强度换算值的平均值(MPa)，精确至 ±0.1 MPa。

备注：构件混凝土强度推定值是指相应于强度换算值总体分布中保证率不低于 95% 的强度值。

对于按批量检测的构件，当该批构件混凝土强度标准差出现下列情况之一时，则该批构件应全部按单个构件检测：

① 当该批构件混凝土强度平均值小于 25 MPa 时：

$$S_{f_{cu}} > 4.5 \text{ MPa}$$

② 当该批构件混凝土强度平均值大于或等于 25 MPa 时：

$$S_{f_{cu}} > 5.5 \text{ MPa}$$

检测完后应填写检测报告，并应符合《回弹法评定混凝土抗压强度技术规程》(JGJ/T 23—2011)附录 F 的规定，结构或构件混凝土强度计算表可参照《回弹法评定混凝土抗压强度技术规程》(JGJ/T 23—2011)附录 C，有关回弹法测强的详细规定详见《回弹法评定混凝土抗压强度技术规程》(JGJ/T 23—2011)。

5. 试验记录及数据处理

利用回弹法检测的原始数据，记于表 5-3 中。构件混凝土强度计算在表 5-4 中完成。

表 5-3　回弹法检测原始记录表

工程名称：　　　　　　　　　　　　　　　　　　　　　　　第　页　共　页

构件编号																		
测区	\multicolumn{16}{c	}{回弹值 R_i}		碳化深度 d_i/mm
	1	2	3	4	5	6	7	8	9	10	11	12	13	14	15	16	m_R	
1																		
2																		

续表

构件编号										
3										
4										
5										
6										
7										
8										
侧面状态	侧面、表面、底面、干、潮湿			回弹仪	型号:		回弹仪检验证号:			
测试角度α	水平、向下、向上				编号: 率定值:		检测人员上岗证号:			

测试:　　　　记录:　　　　计算:　　　　测试日期:　　年　月　日

表 5-4　构件混凝土强度计算表

构件名称及编号:　　　　　　　　　　　　　　　　　　　　　第　页　共　页

项目	测区	1	2	3	4	5	6	7	8	9	10
回弹值	测区平均值										
	角度修正值										
	角度修正后										
	浇灌面修正值										
	浇灌面修正后										
平均碳化深度值 $\bar{L}$/mm											
测区强度值 f_{cu}^c/MPa											
测区强度修正值/MPa											
修正后测区强度值 f_{cu}^c/MPa											
强度计算(MPa) $n=$			$m_{f_{cu}^c}=$			$S_{f_{cu}^c}=$			$f_{cu,min}^c=$		
备注:									$f_{cu,e}=$		

计算:　　　　复核:　　　　计算日期:　　年　月　日

5.5.2 到施工现场或商品混凝土站参观实习

1. 实习内容

(1)参观工地钢筋构件加工棚、混凝土搅拌站或商品混凝土站,了解钢筋加工工艺过程(如钢筋下料、弯曲、绑扎、焊接等)、混凝土生产工艺过程(如配料、搅拌、浇筑、振捣、养护等)。

(2)熟悉所在施工企业项目部施工机械性能参数、操作要求、使用方法、生产能力等。

(3)参观在建建筑的施工,了解现浇钢筋混凝土结构的施工过程。

(4)了解保证工程质量、安全生产的技术措施。

(5)了解新技术、新工艺、新材料及现代施工管理方法等的应用。

(6)了解施工企业项目经理、工长、材料员、技术员职责范围、工作方法。

(7)了解、参加施工现场工程质量和安全检查及有关事故分析、处理等工作。

2. 实习纪律

(1)要服从指导人员的指导,有组织、有步骤、有秩序地参观、听讲。

(2)学生在建筑工程施工工地参观时,要佩戴安全帽,不得乱跑、乱动,随时注意安全,防止发生事故。

(3)学生在工地不要随便靠近施工机械,对施工现场的开关按钮,严禁乱摸。

(4)学生在参观、听讲时,注意力要集中,不能吵闹,不明白的地方可向指导人员虚心请教。

(5)学生在参观竣工后的建筑工地时,不要对已装饰好的部位乱涂、乱画和进行污染。

3. 实习总结

在实习过程中,应对参观内容认真做好记录。

5.5.3 分析并解决混凝土常见质量问题

分析表 5-5 中混凝土常见质量问题的原因,并提出控制及处理方法。

表 5-5 混凝土常见质量问题分析表

常见问题	原因分析	控制及处理方法
麻面		
蜂窝		
露筋		

续表

常见问题	原因分析	控制及处理方法
孔洞		
夹渣		
缺棱、掉角		
强度偏低		
温度裂缝		

5.6 实训自评

表 5-6 为实训自评表,请学生如实填写。

表 5-6 实训自评表

学生自评表(根据实际情况填写表格)				
姓名:	岗位职务:	班级:	学号:	组别:
目标		能	不全	不会
混凝土工程的技术要求和工艺的基本知识				
回弹法检测混凝土的强度				
分析并解决混凝土常见质量问题				

针对本次实训的情况作出一个全面的总结,要求字数不少于 500 字。

_____
_____
_____
_____
_____
_____
_____
_____
_____
_____
_____
_____
_____
_____
_____
_____
_____
_____

项目6 砌体工程

6.1 实训目的

了解砌体工程所用块体材料的种类与性能;掌握对砌筑砂浆的材料、拌制与使用要求;掌握砖砌体的施工工艺、方法与质量要求;能进行砌体材料、组砌工艺、砌体质量的验收与质量控制。

6.2 实训内容

1. 学习砌体工程的技术要求和工艺的基本知识。
2. 根据要求应用施工工具,遵守操作规程,完成砌体工程的砌筑任务。
3. 根据砌体工程施工质量验收规范进行砌体工程的质量检验。
4. 分析并解决砌体工程常见质量问题。

6.3 实训认知

以××校建筑工程实训室二层楼为对象,通过指导老师现场认知讲解,了解砌体工程相关知识点。收集以下图片。

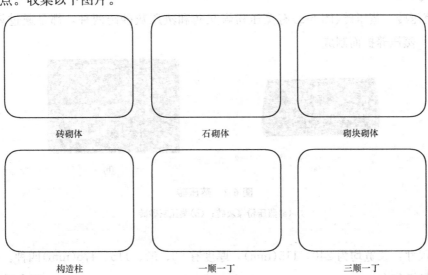

砖砌体　　　　　　　　石砌体　　　　　　　　砌块砌体

构造柱　　　　　　　　一顺一丁　　　　　　　三顺一丁

6.4 知识链接

6.4.1 砌体材料

1. 砌筑用砖

(1)普通烧结砖。普通烧结砖(图 6-1)是以黏土、页岩、煤矸石、粉煤灰为主要材料，经压制成型、焙烧而成。

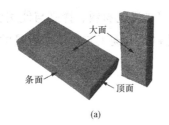 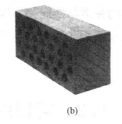 

图 6-1 普通烧结砖

(a)黏土烧结实心砖；(b)烧结多孔砖；(c)烧结空心砖

按形式分为：_____、_____、_____等。

按材料分为：_____、_____、_____等。

实心砖的规格为：_____。

多孔砖和空心砖的规格为：190×190×90(mm)、240×115×90(mm)、240×180×115(mm)等多种。

强度等级分为_____、_____、_____、_____、_____五个强度等级。

(2)蒸压砖。蒸压砖(图 6-2)有蒸压粉煤灰砖和蒸压灰砂砖两种，都是通过坯料制备、压制成型、蒸压养护而制成。

图 6-2 蒸压砖

(a)蒸压粉煤灰砖；(b)蒸压灰砂砖

砖的尺寸：长宽均为 240×115(mm)，厚度有 53、90、115、175(mm)四种。

强度等级分为_____、_____、_____、_____四个强度等级。

2. 石材

石材(图 6-3)分为毛石和料石两种。

图 6-3 石材

(a)毛石；(b)料石

毛石又可分为乱毛石和平毛石。乱毛石是形状不规则的石块，平毛石是形状虽不规则，但有两个平面大致平行的石块。毛石应呈块状，中部厚度不宜小于 150 mm。

料石按加工面的平整程度分为细料石、半细料石、粗料石和毛料石四种。料石的宽度、厚度均不宜小于 200 mm，长度不宜大于厚度的 4 倍。

3. 砌块

砌块(图 6-4)主要有混凝土空心砌块、加气混凝土砌块和粉煤灰砌块等。

 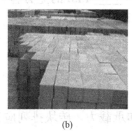 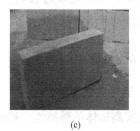

图 6-4 砌块

(a)混凝土小型空心砌块；(b)加气混凝土砌块；(c)粉煤灰加气混凝土砌块

混凝土空心砌块为竖向方孔，其规格为 390×190×190(mm)。强度等级分为 MU20、MU15、MU10、MU7.5、MU5、M3.5 六个强度等级。

加气混凝土砌块的规格较多，一般长度为 600 mm，高度有 200 mm、240 mm、300 mm，宽度有 A、B 两种系列。强度等级分为 MU7.5、MU5、MU3.5、MU2.5、MU1.0 五个强度等级。按其容重、外观质量又分为优等品(A 级品)、一等品(B 级品)和合格品。

粉煤灰砌块的规格为 880 mm×380 mm×240 mm 和 880 mm×430 mm×240 mm 两种，强度等级分为 MU13、MU10 两个强度等级。

4. 砌筑砂浆

常用的砌筑砂浆有_____、_____、_____。砂浆的强度等级有_____、_____、_____、_____、_____五个强度等级。

(1)原材料要求。

1)水泥使用前应对其强度、安定性进行复检,水泥出厂超过_____个月(快硬水泥为一个月)或对水泥质量有怀疑时应复查试验。

2)砂浆用砂不得含有害杂物,砂的含泥量一般不超过_____%,对强度等级小于 M5 的水泥混合砂浆可适当放宽,也不得超过 10%。砖砌体砂浆宜用中砂,石砌体砂浆宜用粗砂。

(2)砂浆的使用。砂浆应随拌随用,水泥砂浆和水泥混合砂浆应分别在_____h 和_____h 内用完,如气温超过 30 ℃时,应分别在_____h 和_____h 内用完。

基础工程一般应采用_____砂浆,强度要求较高或砌体环境潮湿的墙体应采用水泥混合砂浆,强度要求不高且环境干燥的砌体可采用石灰砂浆。

5. 砌体材料的取样检验

(1)砖的取样检验。按烧结砖 15 万块、多孔砖 5 万块、灰砂砖及粉煤灰砖 10 万块为一验收批,抽检数量为一组。

(2)砂浆的强度验收。每一楼层(基础可按一个楼层计)或不超过 250 m³ 的砌体为一验收批,各品种和强度等级取样不少于 3 组,每台搅拌机应至少抽检一次。在砂浆搅拌机出料口取样制作砂浆试块,同一盘砂浆只应制作一组试块。

砂浆试块强度以边长为_____mm 的立方体试块、标准养护_____d 的抗压试验结果为准。

6.4.2 砖砌体施工

1. 砖砌体的组砌形式

为提高砌体的整体性、稳定性和承载力,砖块排列应遵循上、下错缝的原则,避免垂直通缝出现,错缝或搭砌长度一般不小于 60 mm。将砖砌体的组砌方法填于图 6-5 对应位置。

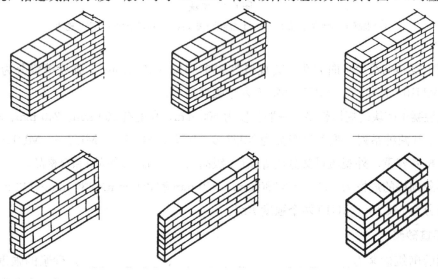

图 6-5 砖砌体组砌形式

2. 施工工艺

普通烧结砖砌筑工序包括抄平、放线、摆砖样、立皮数杆、盘角、挂线、铺灰、砌砖、勾缝、清理等。

(1)抄平。砌砖墙前，先在基础面或楼面上按标准的水准点定出各层标高，并用水泥砂浆或 C10 细石混凝土找平。

(2)放线。底层墙身按龙门板上轴线定位钉为准，拉线、吊线坠，将墙身中心轴线投放至基础顶面，并据此弹出墙身边线及门窗洞口位置。

楼层墙身的放线，应利用预先引测在外墙面上的墙身中心轴线，用经纬仪或线坠向上引测，如图 6-6 所示。

图 6-6 楼层围护墙的墙身放线

(3)摆砖样。按选定的组砌方法，在墙基顶面放线位置试摆砖样(生摆，即不铺灰)，尽量使门窗垛符合砖的模数，偏差小时可通过竖缝调整，以减小斩砖数量，并保证砖及砖缝排列整齐、均匀，以提高砌砖效率。

(4)立皮数杆。立皮数杆可控制每皮砖砌筑的竖向尺寸，并使铺灰、砌砖的厚度均匀，保证砖皮水平。皮数杆标有砖的皮数、灰缝厚度及门窗洞、过梁、楼板的标高。它立于墙的转角处，其基准标高用水准仪校正。如墙很长，可每隔 10~20 m 再立一根，如图 6-7 所示。

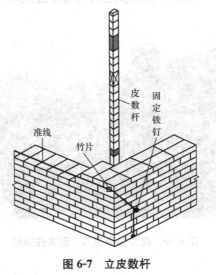

图 6-7 立皮数杆

(5)盘角、挂线。砌砖通常先在墙角以皮数杆进行盘角,然后将准线挂在墙侧,作为墙身砌筑的依据,每砌一皮或两皮,准线向上移动一次,如图6-8所示。

图6-8 盘角、挂线

(6)铺灰、砌砖。铺灰、砌砖的操作方法很多,与各地区的操作习惯、使用工具有关。常用的砌砖工程施工方法有:挤浆法(图6-9)、刮浆法(图6-10)和满口灰法。操作工具北方多用大铲,南方多用泥(瓦)刀。

图6-9 北方多用大铲、挤浆法砌筑

图6-10 南方多用泥刀、刮浆法砌筑

目前建筑业流行的砌砖方法是"三一砌砖法"。"三一砌砖法"是刮浆法的一种,其操作口诀是:"一铲(刀)灰、一口砖、一挤揉"。

(7)勾缝、清理。这是砌清水墙的最后一道工序,具有保护墙面并增加墙面美观的作用。勾缝的方法有两种:墙较薄时,可用砌筑砂浆随砌随勾缝,称为原浆勾缝;墙较厚时,待墙体砌筑完毕后,用1∶1水泥砂浆勾缝,称为加浆勾缝。勾缝形式有平缝、斜缝、凹缝等。勾缝完毕,应清扫墙面。

3. 质量要求

砌筑工程质量的基本要求是:横平竖直、砂浆饱满、灰缝均匀、上下错缝、内外搭砌、接槎牢固。

(1)水平灰缝的砂浆饱满度不得小于_____%,用百格网(图6-11)检查砖底面与砂浆的粘结痕迹面积,每检验批抽查不少于5处,每处检测3块,取其平均值。

图6-11 百格网

(2)砖砌体的转角处和纵、横墙交接处应同时砌筑,严禁无可靠措施的内、外墙分砌施工,对不能同时砌筑而又必须留置的临时间断处应砌成斜槎,如图6-12所示,斜槎水平投影长度不小于高度的_____。

图6-12 斜槎

(3)非抗震设防及抗震设防烈度为6、7度地区的临时间断处,当不能留斜槎时,除转角处外,可留直槎,但直槎必须做成凸槎,并加设拉结钢筋,如图6-13所示。

拉结钢筋沿墙高每_____mm 留设一道,数量为每_____mm 墙厚放置 1ϕ6 拉结钢筋(120 mm 厚墙放置 2ϕ6);埋入长度从留槎处算起,每边均不应小于_____mm,抗震设防烈度 6、7 度的地区,不应小于_____mm;末端应有 90°弯钩。

图 6-13　直槎

(4)砖砌体轴线位置偏移不得大于 10 mm;砖砌体的垂直度允许偏差,每层楼为 5 mm,建筑物全高≤10 m 时,为 10 mm,全高>10 m 时,为 20 mm,如图 6-14 所示。

图 6-14　垂直度检查

(5)砖砌体组砌方法应上下错缝、内外搭砌,砖柱不得采用"包心砌法"。要求清水墙(图 6-15)、窗间墙无通缝,混水墙大于或等于 300 mm 的通缝,每间房不超过 3 处,且不得位于同一面墙上。

图 6-15　高质量的清水墙灰缝

(6)砖砌体的灰缝应横平竖直、厚薄均匀,水平灰缝厚度宜为_____mm,但不应小于_____mm,也不应大于_____mm,如图6-16所示。一步架的砖砌体,每20 m抽查一处,用尺量10皮砖砌体高度折算。

图6-16 质检员进行灰缝厚度检验

4. 混凝土构造柱

(1)混凝土构造柱的构造。

1)构造柱的截面尺寸不宜小于_____ mm,构造柱配筋中柱不宜少于4ϕ12,边柱、角柱不宜少于4ϕ14;箍筋宜为ϕ6@200(楼层上、下500 mm范围内宜为ϕ6@100);竖向受力钢筋应在基础梁和楼层圈梁中锚固,如图6-17、图6-18所示;混凝土强度等级不宜低于_____。

2)砖墙与构造柱的连接处应砌成马牙槎,每一个马牙槎的高度不宜超过_____ mm,并沿墙高每隔_____mm 设置2ϕ6拉结钢筋,拉结钢筋每边伸入墙内不宜小于_____ mm。

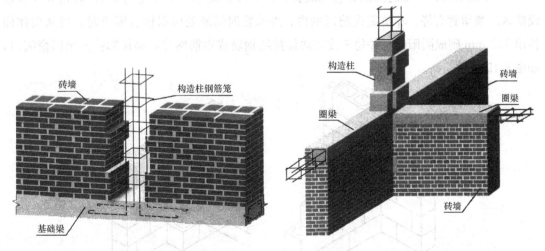

图6-17 构造柱与基础梁的连接　　　　图6-18 构造柱与圈梁的连接

(2)构造柱施工。钢筋混凝土构造柱应遵循"先砌墙、后浇柱"的程序进行。其施工程序为：

_____
_____
_____
_____
_____

6.4.3 中小型砌块砌体施工

1. 混凝土小型空心砌块砌筑施工

(1)施工时所用砌块的龄期不应小于28 d，砌筑时不得浇水。

(2)砌块的砌筑应立皮数杆、拉准线，从转角处或定位处开始，内外墙同时砌筑、纵横墙交错搭接。

(3)砌块的砌筑应遵循"对孔、错缝、反砌"的规则进行，即上皮砌块的孔洞对准下皮砌块的孔洞，则上下皮砌块的壁、肋可较好地传递竖向荷载，保证砌体的整体性和强度；错缝(搭砌)可增强砌体的整体性；将砌块生产时的底面朝上，便于铺放砂浆和保证水平灰缝的饱满度。

上、下皮小砌块竖向灰缝错开190 mm，特殊情况无法对孔砌筑时，普通混凝土小砌块错缝长度不小于90 mm，轻集料混凝土砌块错缝长度不小于120 mm。无法满足此规定时，应在水平灰缝中设置4φ4钢筋网片，网片每端均应超过该竖向灰缝长度400 mm。

(4)小砌块砌体的临时间断处应砌成斜槎，斜槎长度不小于高度的2/3。转角处及抗震设防区严禁留置直槎。非抗震设防区的内、外墙临时间断处留斜槎有困难时，可从砌体面伸出200 mm砌成阴阳槎，并每三皮砌块设拉结钢筋或钢筋网片，接槎部位延至门窗洞口，如图6-19所示。

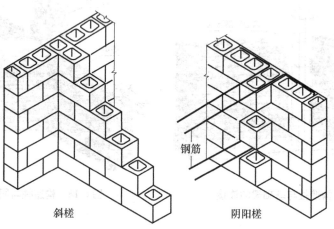

图6-19 小砌块砌体斜槎和阴阳槎

(5)承重墙体严禁使用断裂砌块。

(6)需移动砌体中的砌块或砌块被撞动时,应重新铺砌。

(7)砌块的日砌筑高度一般控制在1.4 m或一步架内。

2. 加气混凝土砌块施工

(1)加气混凝土砌块砌筑前,应绘制砌块排列图,设置皮数杆,拉准线,依线砌筑。

(2)加气混凝土砌块出厂后经充分干燥方准上墙,砌筑时要适量洒水,同一砌筑单元的墙体应连续砌完,不留接槎,不得留设脚手眼。加气混凝土砌块墙的上、下皮砌块的灰缝应相互错开,错开长度宜为300 mm、不小于150 mm。不能满足时,应在水平灰缝设置2φ6的拉结钢筋或φ4钢筋网片,拉结钢筋或网片的长度不小于700 mm。

(3)加气混凝土砌块墙的灰缝应横平竖直、砂浆饱满。水平灰缝厚度宜为15 mm,竖向灰缝宽度宜为20 mm。

(4)墙的转角处,应使纵、横墙的砌块相互搭砌,隔皮砌块露端面;丁字交接处,应使横墙砌块隔皮露端面,并坐中于纵墙砌块,如图6-20所示。

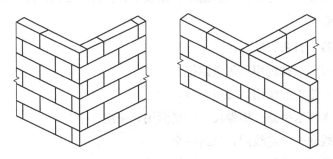

图6-20 加气混凝土砌块墙的转角处、交接处砌法

6.4.4 砌筑工程冬期施工

按照《砌体结构工程施工质量验收规范》(GB 50203—2011)规定,根据当地气象资料,当室外日平均气温连续5 d稳定低于5 ℃时,或当日最低气温低于0 ℃时,砌筑施工属于冬期施工阶段。

砌筑工程冬期施工突出的问题是砂浆中的水在0 ℃以下结冰,使水泥得不到水化,砂浆不能凝固,失去胶结能力而使砌体强度降低,或砂浆解冻后砌体出现沉降。冬期施工方法就是采取有效措施,保证砌筑工程冬期施工顺利进行。

问题:砌筑工程冬期施工方法有哪些(至少写三种)?并对所列方法进行解释。

6.5 沙场点兵

6.5.1 砌筑实训

1. 实训目的

砖砌体是传统结构,砌筑是建筑业的一门传统操作技术,有悠久的历史,相当长的一段时间里砌筑工程仍然是量大面广、举足轻重、不可或缺的。认真学习砖瓦工基本操作技术,掌握砌筑基本功要领,有助于建筑结构的认识及日后施工质量管理实践。

2. 实训任务

以小组为单位(以6~8人为一组)砌筑一堵长2 m、高1.2 m、转角0.4 m的24墙。

3. 材料与工具

(1)材料:红砖、石灰、砂、水。

(2)工具:镘刀——砌筑用,每组四把。

(3)经纬仪——施工放线用,每组一台。

(4)水平仪、水筒水平器、钢卷尺——量测用,每组一个。

(5)线坠、墨线盒——定线用,每组一个。

(6)拌合板、筛子、铁铲、水桶——搅拌砂浆用,每组一个。

(7)百格网、靠尺板——检测用,每组一套。

4. 训练内容

工艺流程:准备→抄平→弹线→试摆→盘角→砌筑→清理。

(1)砌筑前准备好材料、工具,并将砌筑面冲洗干净。

(2)抄出水平线。

(3)弹出墙体边线、端线。

(4)按已弹好的线进行第一皮砖的干砖试摆,主要是将缝调匀,减少砍砖。

(5)摆砖完成后,在砌墙两端立上皮数杆,并在一端头盘角(4~5)皮砖,用线坠校正好垂直度,然后挂上线一层层向上砌砖。当砌平端头角后,再盘4~5皮砖的头角,然后再挂线一层层向上砌筑,如此往复,直到达到要求高度为止。

(6)最后清理场地,若为清水墙,则应进行勾缝。

5. 砌砖施工质量安全要求

(1)不准站在墙顶上立画线、刮缝及清扫墙面或检查大角垂直等工作。不准用不稳定的工具或物体在脚手板上面垫高而继续作业。

(2)砍砖应面向墙面,工作完毕应将脚手板和砖墙上的碎砖、灰浆清扫干净,防止掉落伤人。正在砌筑的墙上不准走人。

(3)砌墙高度超过地坪1.2 m以上时，应搭设脚手架。架上堆放材料不得超过规定荷载值，堆砖高度不得超过3皮侧砖，同一脚手板上的操作人员不应超过2人。

(4)从砖垛上取砖时，应先取高处的后取低处的，防止垛倒砸人。

(5)雨天或每日下班时，应做好防雨准备，以防雨水冲走砂浆，致使砌体倒塌。

6. 质量验收标准

(1)主控项目。

1)砖和砂浆的强度等级必须符合设计要求。

抽检数量：每一生产厂家，烧结普通砖、混凝土实心砖每15万块，烧结多孔砖、混凝土多孔砖、蒸压灰砂砖及蒸压粉煤灰砖每10万块各为一验收批，不足上述数量时按1批计，抽检数量为1组。砂浆试块的抽检数量执行《砌体结构工程施工质量验收规范》(GB 50203—2011)第4.0.12条的有关规定。

检验方法：检查砖和砂浆试块试验报告。

2)砌体灰缝砂浆应密实饱满，砖墙水平灰缝的砂浆饱满度不得低于80%；砖柱水平灰缝和竖向灰缝饱满度不得低于90%。

抽检数量：每检验批抽查不应少于5处。

检验方法：用百格网检查砖底面与砂浆的粘结痕迹面积。每处检测3块砖，取其平均值。

3)砖砌体的转角处和交接处应同时砌筑。严禁无可靠措施的内、外墙分砌施工。在抗震设防烈度为8度及8度以上的地区，对不能同时砌筑而又必须留置的临时间断处应砌成斜槎，普通砖砌体斜槎水平投影长度不应小于高度的2/3。多孔砖砌体的斜槎长高比不应小于1/2。斜槎高度不得超过一步脚手架的高度。

抽检数量：每检验批抽查不应少于5处。

检验方法：观察检查。

4)非抗震设防及抗震设防烈度为6度、7度地区的临时间断处，当不能留斜槎时，除转角处外，可留直槎，但直槎必须做成凸槎，且应加设拉结钢筋，拉结钢筋应符合下列规定：

①每120 mm墙厚放置1ϕ6拉结钢筋(120 mm厚墙应放置2ϕ6拉结钢筋)；

②间距沿墙高不应超过500 mm，且竖向间距偏差不应超过100 mm；

③埋入长度从留槎处算起每边均不应小于500 mm，对抗震设防烈度6度、7度的地区，不应小于1 000 mm；

④末端应有90°弯钩。

抽检数量：每检验批抽查不应少于5处。

检验方法：观察和尺量检查。

(2)一般项目。

1)砖砌体组砌方法应正确，内外搭砌，上、下错缝。清水墙、窗间墙无通缝；混水墙中不得有长度大于 300 mm 的通缝,长度为 200～300 mm 的通缝,每间不超过 3 处,且不得位于同一面墙体上。砖柱不得采用包心砌法。

抽检数量:每检验批抽查不应少于 5 处。

检验方法:观察检查。砌体组砌方法抽检每处应为 3～5 m。

2)砖砌体的灰缝应横平竖直,厚薄均匀。水平灰缝厚度及竖向灰缝宽度宜为 10 mm,但不应小于 8 mm,也不应大于 12 mm。

抽检数量:每检验批抽查不应少于 5 处。

检验方法:水平灰缝厚度用尺量 10 皮砖砌体高度折算。竖向灰缝宽度用尺量 2 m 砌体长度折算。

(3)允许偏差项目。砖砌体尺寸、位置的允许偏差及检验应符合表 6-1 的规定。

表 6-1 砖砌体尺寸、位置的允许偏差及检验

项	项目			允许偏差/mm	检验方法	抽检数量
1	轴线位移			10	用经纬仪和尺或用其他测量仪器检查	承重墙、柱全数检查
2	基础、墙、柱顶面标高			±15	用水准仪和尺检查	不应小于 5 处
3	墙面垂直度	每层		5	用 2 m 托线板检查	不应小于 5 处
		全高	10 m	10	用经纬仪、吊线和尺或其他测量仪器检查	外墙全部阳角
			10 m	20		
4	表面平整度	清水墙、柱		5	用 2 m 靠尺和楔形塞尺检查	不应小于 5 处
		混水墙、柱		8		
5	水平灰缝平直度	清水墙		7	拉 5 m 线和尺检查	不应小于 5 处
		混水墙		10		
6	门窗洞口高、宽(后塞口)			±10	用尺检查	不应小于 5 处
7	外墙下窗口偏移			20	以底层窗口为准,用经纬仪或吊线检查	不应小于 5 处
8	清水墙游丁走缝			20	以每层第一皮砖为准,用吊线和尺检查	不应小于 5 处

7. 检验批质量验收记录

砖砌体工程施工质量检验一般由 3～4 人组成,其中,一人手持仪器、一人测量读数、一人记录。各组相互交叉进行砖砌体检验质量的检查与验收,依据《砌体结构工程施工质量验收规范》(GB 50203—2011)进行验收,并按表 6-2 要求填写砖砌体检验批质量验收记录。

表 6-2　砖砌体工程检验批质量验收记录

工程名称			分项工程名称		验收部位	
施工单位					项目经理	
施工执行标准名称及编号					专业工长	
分包单位					施工班组长	
		质量验收规范的规定		施工单位检查评定记录		监理(建设)单位验收记录
主控项目	1. 砖强度等级		设计要求 MU			
	2. 砂浆强度等级		设计要求 M			
	3. 斜槎留置		5.2.3 条			
	4. 转角、交接处		5.2.3 条			
	5. 直槎拉结钢筋及接槎处理		5.2.4 条			
	6. 砂浆饱满度		≥80％(墙)			
			≥90％(柱)			
一般项目	1. 轴线位移		≤10 mm			
	2. 垂直度(每层)		≤5 mm			
	3. 组砌方法		5.3.1 条			
	4. 水平灰缝厚度		5.3.2 条			
	5. 竖向灰缝宽度		5.3.2 条			
	6. 基础、墙、柱顶面标高		±15 mm 以内			
	7. 表面平整度		≤5 mm(清水)			
			≤8 mm(混水)			
	8. 门窗洞口高、宽(后塞口)		±10 mm 以内			
	9. 窗口偏移		≤20 mm			
	10. 水平灰缝平直度		≤7 mm(清水)			
			≤10 mm(混水)			
	11. 清水墙游丁走缝		≤20 mm			
施工单位检查评定结果			项目专业质量检查员： 年　月　日		项目专业质量(技术)负责人： 年　月　日	
监理(建设)单位验收结论			监理工程师(建设单位项目工程师)： 年　月　日			

6.5.2 分析并解决砌体工程常见质量问题

分析表 6-3 中砌体工程一些常见质量问题的现象，提出防治措施。

表 6-3 砌体工程常见质量问题分析表

常见问题	现象	防治措施
墙体因地基不均匀下沉引起的墙体裂缝	(1)在纵墙的两端出现斜裂缝，多数裂缝通过窗口的两个对角，裂缝向沉降较大的方向倾斜，并由下向上发展。裂缝多在墙体下部，向上逐渐减少，裂缝宽度下大上小，常常在房屋建成后不久就出现，其数量及宽度随时间而逐渐发展。 (2)在窗间墙的上、下对角处成对出现水平裂缝，沉降大的一边裂缝在下，沉降小的一边裂缝在上。 (3)在纵墙中央的顶部和底部窗台处出现竖向裂缝，裂缝上宽下窄。当纵墙顶部有圈梁时，顶层中央顶部竖向裂缝较少	
填充墙砌筑不当，与主体结构交接处裂缝	框架梁底、柱边出现裂缝	

6.6 实训自评

表 6-4 为实训自评表，请学生如实填写。

表 6-4 实训自评表

学生自评表(根据实际情况填写表格)					
姓名：	岗位职务：	班级：	学号：	组别：	
目标		能	不全	不会	
砌体工程的技术要求和工艺的基本知识					
完成砌体工程的砌筑任务					
进行砌体工程的质量检验					
分析并解决砌体工程常见质量问题					

针对本次实训的情况作出一个全面的总结,要求字数不少于500字。

项目 7 脚手架工程

7.1 实训目的

了解脚手架的种类、用途和构成;熟悉并掌握《建筑施工扣件式钢管脚手架安全技术规范》(JGJ 130—2011)中常用条款内容;掌握脚手架施工工艺。

7.2 实训内容

1. 学习脚手架的技术要求和工艺的基本知识。
2. 应用施工工具,遵守操作规程,完成脚手架的安装,掌握模板脚手架的安装工艺流程和安装要点。
3. 分析并解决脚手架工程常见问题。

7.3 认知实训

以××校建筑工程实训室二层楼为对象,通过指导老师现场认知讲解,了解脚手架相关知识点,收集以下图片。

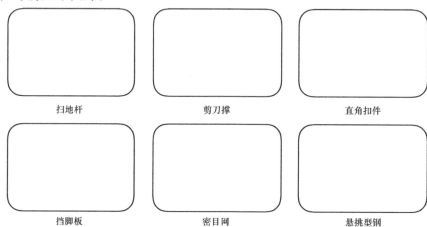

扫地杆　　　　　　　　　剪刀撑　　　　　　　　　直角扣件

挡脚板　　　　　　　　　密目网　　　　　　　　　悬挑型钢

对接扣件　　　　　脚手板　　　　　旋转扣件

7.4　知识链接

7.4.1　脚手架认知

1. 概念介绍

脚手架是在建筑安装施工中占有特别重要地位的临时设施。混凝土结构浇筑、砖墙砌筑、装饰和粉刷、管道安装、设备安装等，都需要搭设脚手架。它是顺利完成电力建设建筑、安装工程施工任务必不可少的重要工具之一。选择与使用的合适与否，不但影响施工作业的顺利进行和安全保障，而且也关系到工程质量、施工进度和经济效益的提高。

2. 脚手架构配件

(1) 钢管。《建筑施工扣件式钢管脚手架安全技术规范》(JGJ 130—2011)中相关规定：

1) 脚手架钢管应采用现行国家标准《直缝电焊钢管》(GB/T 13793)或《低压流体输送用焊接钢管》(GB/T 3091—2015)中规定的 Q235 普通钢管；钢管的钢材质量应符合现行国家标准《碳素结构钢》(GB/T 700—2006)中 Q235 级钢的规定。

2) 脚手架钢管宜采用_____钢管，如图 7-1 所示。每根钢管的最大质量不应大于_____。

图 7-1　脚手架钢管

(2) 扣件(图 7-2)。

1) 扣件应采用可锻铸铁或铸钢制作，其质量和性能应符合现行国家标准《钢管脚手架扣件》(GB 15831—2006)的相关规定。采用其他材料制作的扣件，应经试验证明其质量符合该标准的规定后方可使用，其质量应为 1.1 kg(含螺栓及螺母)。一般情况下是采用蘸红色的防锈漆的形式做防锈处理的。扣件与架子管配套使用。一般扣件产品的生产及采购比例是_____。就是说比例是直角占 80%、对接占 10%、旋转占 10%。

2)扣件在螺栓拧紧扭力矩达到_____时，不得发生破坏。

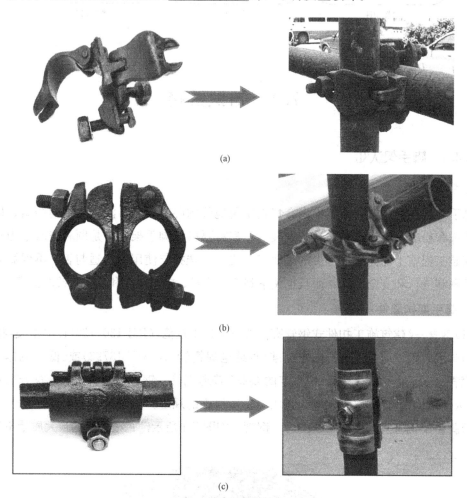

图 7-2　扣件
(a)直角扣件；(b)旋转扣件；(c)对接扣件

(3)脚手板(图 7-3)。

1)脚手板可采用钢、木、竹材料制作，单块脚手板的质量不宜大于_____。

2)木脚手板材质应符合现行国家标准《木结构设计规范》(GB 50005—2003)中 IIa 级材质的相关规定。脚手板厚度不应小于_____，两端宜各设置直径不小于_____的镀锌钢丝箍两道。

3)竹脚手板宜采用由毛竹或楠竹制作的竹串片板、竹笆板；竹串片脚手板应符合现行行业标准《建筑施工木脚手架安全技术规范》(JGJ 164—2008)的相关规定。

(4)可调托撑(图 7-4)。

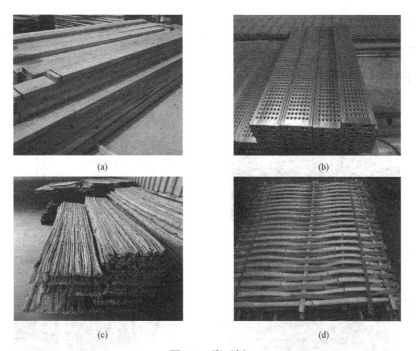

图 7-3 脚手板

(a)木脚手板；(b)钢脚手板；(c)竹串片脚手板；(d)竹笆脚手板

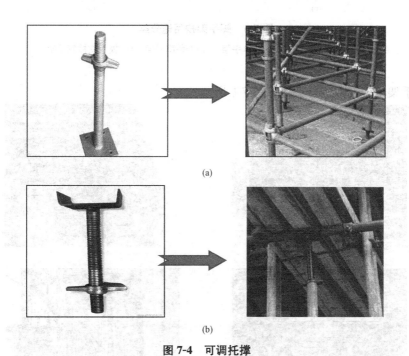

图 7-4 可调托撑

(a)可调下托撑(底托)；(b)可调上托撑(顶托)

1)可调托撑螺杆外径不得小于_____，直径与螺距应符合现行国家标准《梯形螺纹 第2部分：直径与螺距系列》(GB/T 5796.2—2005)、《梯形螺纹 第3部分：基本尺寸》(GB/T 5796.3—2005)的规定。

2)可调托撑抗压承载能力设计值不应小于_____，支拖板厚不应小于_____。

3. 脚手架的分类

(1)脚手架按用途分类，如图7-5所示。

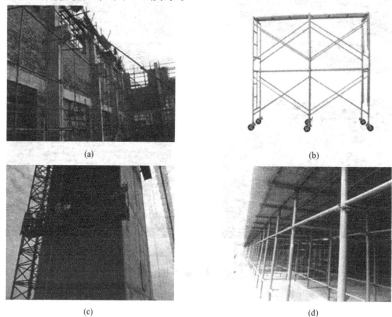

图7-5 脚手架按用途分类

(a)砌筑脚手架；(b)装修脚手架；(c)安装脚手架；(d)模板支撑脚手架

(2)脚手架按架设方法分类，如图7-6所示。

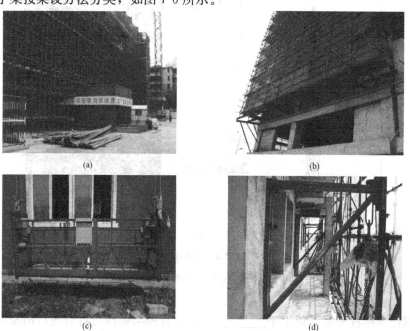

图7-6 脚手架按架设方法分类

(a)落地式脚手架；(b)悬挑式脚手架；(c)吊式脚手架；(d)升降式脚手架

简述下列四种脚手架的特点：

落地式脚手架：_____

_____

_____

_____

悬挑式脚手架：_____

_____

_____

_____

吊式脚手架：_____

_____

_____

_____

升降式脚手架：_____

_____

_____

_____

(3) 按材质分类。查找相应脚手架的图片贴入框中：

| 木脚手架 | 竹脚手架 | 金属脚手架 |

(4) 按立杆搭设排数分类。查找相应脚手架的图片贴入框中：

| 单排脚手架 | 双排脚手架 | 满堂脚手架 |

4. 脚手架的组成

脚手架由垫板、底座、立杆、大横杆、小横杆、斜撑、抛撑、剪刀撑、连墙杆、扫地杆及其附件等组成。

(1)立杆(也称立柱、站杆、冲天杆、竖杆等)：与地面垂直，是脚手架的主要受力杆件。其作用是_____

(2)大横杆(也称顺水杆、纵向水平杆、牵杆等)：与墙面平行，作用是_____

(3)小横杆(也称横楞、横担、横向水平杆、六尺杠、排木)：与墙面垂直，作用是_____

(4)斜撑(也称斜戗、八字撑)：与脚手架外排立杆紧贴连接，与其立杆斜交并与地面呈45°～60°角，上、下连续设置，形如"之"字。主要设置在脚手架拐角处。其作用是_____

(5)剪刀撑(也称十字撑、十字盖)：在脚手架外侧设置的双支斜杆，互相交叉，都与地面呈45°～60°夹角。其作用是_____

(6)抛撑(也称支撑、压栏子)：是设置在脚手架外排(周围)、从地面支撑脚手架的斜杆，一般与地面呈60°夹角。其作用是_____

(7)连墙杆(也称拉接):是沿立杆的竖向(垂直)不大于 4 m,水平方向不大于 7 m,设置能承受拉和压而与主体结构相连的水平杆件。其作用是_____
_____
_____

(8)扫地杆:它是紧贴于地面的纵向水平杆。其作用是_____
_____
_____

(9)脚手板(也称跳板、架板):它是铺于小横杆上直接承受施工荷载的构件。
填写图 7-7 中所指构件的名称。

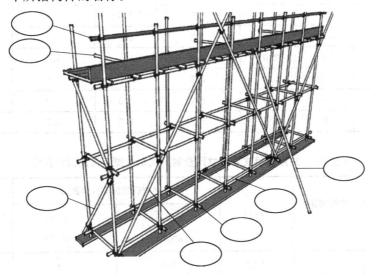

图 7-7 脚手架构造

7.4.2 构造认知

1. 构造知识

(1)常用密目式安全网全封闭单、双排脚手架结构的设计尺寸,可按表 7-1、表 7-2 采用。

(2)单排脚手架搭设高度不应超过 24 m;双排脚手架搭设高度不宜超过 50 m,高度超过 50 m 的双排脚手架,应采用分段搭设等措施。

2. 脚手架纵向水平杆、横向水平杆、脚手板

(1)纵向水平杆的构造应符合下列规定:

1)纵向水平杆应设置在立杆内侧,单根杆长度不应小于 3 跨;

2)纵向水平杆接长应采用对接扣件连接或搭接,并应符合下列规定:
①两根相邻纵向水平杆的接头不应设置在同步或同跨内;
②不同步或不同跨两个相邻接头在水平方向错开的距离不应小于500 mm;
③各接头中心至最近主节点的距离不应大于纵距的1/3。

表 7-1　常用密目式安全网全封闭式双排脚手架的设计尺寸　　　　m

连墙件设置	立杆横距 l_b	步距 h	下列荷载时的立杆纵距 l_a				脚手架允许搭设高度 /H
			2+0.35 (kN/m²)	2+2+2×0.35 (kN/m²)	3+0.35 (kN/m²)	3+2+2×0.35 (kN/m²)	
二步三跨	1.05	1.5	2.0	1.5	1.5	1.5	50
		1.80	1.8	1.5	1.5	1.5	32
	1.30	1.5	1.8	1.5	1.5	1.5	50
		1.80	1.8	1.2	1.5	1.2	30
	1.55	1.5	1.8	1.5	1.5	1.5	38
		1.80	1.8	1.2	1.5	1.2	22
三步三跨	1.05	1.5	2.0	1.5	1.5	1.5	43
		1.80	1.8	1.5	1.5	1.5	24
	1.30	1.5	1.8	1.5	1.5	1.2	30
		1.80	1.8	1.2	1.5	1.2	17

表 7-2　常用密目式安全立网全封闭式单排脚手架的设计尺寸　　　　m

连墙件设置	立杆横距 l_b	步距 h	下列荷载时的立杆纵距 l_a		脚手架允许搭设高度/H
			2+0.35 (kN/m²)	3+0.35 (kN/m²)	
二步三跨	1.20	1.50	2.0	1.8	24
		1.80	1.5	1.2	24
	1.40	1.50	1.8	1.5	24
		1.80	1.5	1.2	24
三步三跨	1.20	1.50	2.0	1.8	24
		1.80	1.2	1.2	24
	1.40	1.50	1.8	1.5	24
		1.80	1.2	1.2	24

注:1. 表中所示 2+2+2×0.35(kN/m²),包括下列荷载:2+2(kN/m²)为二层装修作业层施工荷载标准值;2×0.35(kN/m²)为二层作业层脚手板自重荷载标准值。

2. 作业层横向水平杆间距,应按不大于 $l_a/2$ 设置。

3. 地面粗糙度为B类,基本风压 $W_0=0.4$ kN/m²。

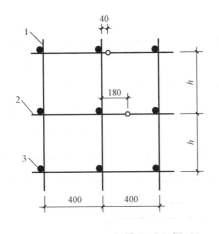

图 7-8 纵向水平杆对接接头布置
1—立杆；2—纵向水平杆；3—横向水平杆

指出图 7-8 所示脚手架安装不妥之处：
_____
_____
_____
_____
_____
_____
_____
_____
_____
_____
_____
_____

(2)当使用冲压钢脚手板、木脚手板、竹串片脚手板时，纵向水平杆应作为横向水平杆的支座，用直角扣件固定在立杆上；当使用竹笆脚手板时，纵向水平杆应采用直角扣件固定在横向水平杆上，并应等间距设置，间距不应大于 400 mm。

(3)横向水平杆的构造应符合下列规定：

1)作业层上非主节点处的横向水平杆，宜根据支撑脚手板的需要等间距设置，最大间距不应大于纵距的 1/2。

2)当使用冲压钢脚手板、木脚手板、竹串片脚手板时，双排脚手架的横向水平杆两端均应采用直角扣件固定在纵向水平杆上；单排脚手架的横向水平杆的一端应用直角扣件固定在纵向水平杆上，另一端应插入墙内，插入长度不应小于 180 mm。

3)当使用竹笆脚手板时，双排脚手架的横向水平杆的两端应用直角扣件固定在立杆上；单排脚手架的横向水平杆的一端，应用直角扣件固定在立杆上，另一端插入墙内，插入长度不应小于 180 mm。

(4)主节点处必须设置一根横向水平杆，直角扣件扣接且严禁拆除。

(5)脚手板的设置应符合下列规定：

1)作业层脚手板应铺满、铺稳、铺实；

2)冲压钢脚手板、木脚手板、竹串片脚手板等，应设置在三根横向水平杆上。当脚手板长度小于 2 m 时，可采用两根横向水平杆支撑，但应将脚手板两端与横向水平杆可靠固定，严防倾翻。脚手板的铺设应采用对接平铺或搭接铺设。

脚手板对接平铺时，接头处应设两根横向水平杆，脚手板外伸长度应取 130～150 mm，两块脚手板外伸长度的和不应大于 300 mm；脚手板搭接铺设时，接头应支在横向水平杆上，搭接长度不应小于 200 mm，其伸出横向水平杆的长度不应小于 100 mm。

分别指出图 7-9 中不妥之处：

_____
_____
_____
_____
_____

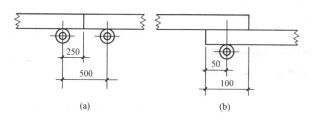

图 7-9　脚手板对接、搭接构造

(a)脚手板对接；(b)脚手板搭接

3)竹笆脚手板应按其主竹筋垂直于纵向水平杆方向铺设，且应对接平铺，四个角应用直径不小于 1.2 mm 的镀锌钢丝固定在纵向水平杆上。

4)作业层端部脚手板探头长度应取 150 mm，其板的两端均应固定于支撑杆件上。

3. 立杆

(1)每根立杆底部宜设置底座或垫板。

(2)脚手架必须设置纵、横向扫地杆(图 7-10)。纵向扫地杆应采用直角扣件固定在距钢管底端不大于 200 mm 处的立杆上。横向扫地杆应采用直角扣件固定在紧靠纵向扫地杆下方的立杆上。

(3)脚手架立杆基础不在同一高度上时，必须将高处的纵向扫地杆向低处延长两跨与立杆固定，高低差不应大于 1 m。靠边坡上方的立杆轴线到边坡的距离不应小于 500 mm。

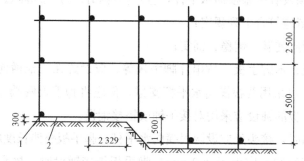

图 7-10　纵、横向扫地杆构造

1—纵向扫地杆；2—横向扫地杆

指出图 7-11 所示脚手架安装不妥之处：

_____
_____
_____
_____
_____

(4)单、双排脚手架底层步距均不应大于 2 m。

(5)单排、双排与满堂脚手架立杆接长除顶层顶步外，其余各层各步接头必须采用对接扣件连接。

(6)脚手架立杆的对接、搭接应符合下列规定：

1)当立杆采用对接接长时，立杆的对接扣件应交错布置，两根相邻立杆的接头不应设置在同步内，同步内隔一根立杆的两个相隔接头在高度方向错开的距离不宜小于 500 mm；各接头中心至主节点的距离不宜大于步距的 1/3；

2)当立杆采用搭接接长时，搭接长度不应小于 1 m，并应采用不少于 2 个旋转扣件固定。端部扣件盖板的边缘至杆端距离不应小于 100 mm。

(7)脚手架立杆顶端栏杆宜高出女儿墙上端 1 m，宜高出檐口上端 1.5 m。

4. 连墙件

(1)脚手架连墙件设置的位置、数量应按专项施工方案确定。

(2)脚手架连墙件数量的设置除应满足规范的计算要求外，还应符合表 7-3 的规定。

表 7-3 连墙件布置最大间距

搭设方法	高度/mm	竖向间距/h	水平间距/l_a	每根连墙件覆盖面积/m²
双排落地	≤50	$3h$	$3l_a$	≤40
双排悬挑	>50	$2h$	$3l_a$	≤27
单排	≤24	$3h$	$3l_a$	≤40

注：h——步距；l_a——纵距。

(3)连墙件的布置应符合下列规定：

1)应靠近主节点设置，偏离主节点的距离不应大于 300 mm；

2)应从底层第一步纵向水平杆处开始设置，当该处设置有困难时，应采用其他可靠措施固定；

3)应优先采用菱形布置，或采用方形、矩形布置。

(4)开口型脚手架的两端必须设置连墙件，连墙件的垂直间距不应大于建筑物的层高，并且不应大于 4 m。

(5)连墙件中的连墙杆应呈水平设置,当不能水平设置时,应向脚手架一端下斜连接。

(6)连墙件必须采用可承受拉力和压力的构造。对高度 24 m 以上的双排脚手架,应采用刚性连墙件与建筑物连接。

(7)当脚手架下部暂不能设连墙件时应采取防倾覆措施。当搭设抛撑时,抛撑应采用通长杆件,并用旋转扣件固定在脚手架上,与地面的倾角应为 45°～60°;连接点中心至主节点的距离不应大于 300 mm。抛撑应在连墙件搭设后再拆除。

5. 剪刀撑与横向斜撑

(1)双排脚手架应设置剪刀撑与横向斜撑,单排脚手架应设置剪刀撑。

(2)单、双排脚手架剪刀撑的设置应符合下列规定:

1)每道剪刀撑跨越立杆的根数应按表 7-4 的规定确定。每道剪刀撑宽度不应小于 4 跨,且不应小于 6 m,斜杆与地面的倾角应为 45°～60°;

表 7-4 剪刀撑跨越立杆的最多根数

剪刀撑斜杆与地面的倾角 a	45°	50°	60°
剪刀撑跨越立杆的最多根数 n	7	6	5

2)剪刀撑斜杆的接长应采用搭接或对接,搭接应符合规范规定;

3)剪刀撑斜杆应用旋转扣件固定在与之相交的横向水平杆的伸出端或立杆上,旋转扣件中心线至主节点的距离不应大于 150 mm。

(3)高度在 24 m 及以上的双排脚手架应在外侧全立面连续设置剪刀撑;高度在 24 m 以下的单、双排脚手架,均必须在外侧两端、转角及中间间隔不超过 15 m 的立面上,各设置一道剪刀撑,并应由底至顶连续设置。

(4)双排脚手架横向斜撑的设置应符合下列规定:

1)横向斜撑应在同一节间,由底至顶层呈之字形连续布置,斜撑的固定应符合《建筑施工扣件式钢管脚手架安全技术规范》(JGJ 130—2011)的规定;

2)高度在 24 m 以下的封闭型双排脚手架可不设横向斜撑,高度在 24 m 以上的封闭型脚手架,除拐角应设置横向斜撑外,中间应每隔 6 跨距设置一道。

(5)开口型双排脚手架的两端均必须设置横向斜撑。

6. 斜道

(1)人行并兼作材料运输的斜道的形式宜按下列要求确定:

1)高度不大于 6 m 的脚手架,宜采用一字形斜道;

2)高度大于 6 m 的脚手架,宜采用之字形斜道。

(2)斜道的构造应符合下列规定:

1)斜道应附着外脚手架或建筑物设置;

2)运料斜道宽度不应小于 1.5 m,坡度不应大于 1∶6;人行斜道宽度不应小于 1 m,坡度不应大于 1 : 3；

3) 拐弯处应设置平台，其宽度不应小于斜道宽度；

4) 斜道两侧及平台外围均应设置栏杆及挡脚板。栏杆高度应为 1.2 m，挡脚板高度不应小于 180 mm；

5) 运料斜道两端、平台外围和端部均应按《建筑施工扣件式钢管脚手架安全技术规范》(JGJ 130—2011)第 6.4.1 条~6.4.6 条的规定设置连墙件；每两步应加设水平斜杆；应按本规范第 6.6.2 条~6.6.5 条的规定设置剪刀撑和横向斜撑。

(3) 斜道脚手板构造应符合下列规定：

1) 脚手板横铺时，应在横向水平杆下增设纵向支托杆，纵向支托杆间距不应大于 500 mm；

2) 脚手板顺铺时，接头应采用搭接，下面的板头应压住上面的板头，板头的凸棱处应采用三角木填顺；

3) 人行斜道和运料斜道的脚手板上应每隔 250~300 mm 设置一根防滑木条，木条厚度应为 20~30 mm。

7.4.3 脚手架搭设工艺

1. 脚手架搭设工艺

底座垫板安放→纵向扫地杆→立杆搭设→横向扫地杆→纵向水平杆→横向水平杆→连墙件、剪刀撑→铺脚手板→分层检查、验收。

2. 注意事项

(1) 按要求进行定位放线；垫板(4 m 长、50 mm 厚脚手板)准确放置在定位线上。

(2) 扫地杆：纵向扫地杆采用直角扣件固定在距离底座 200 mm 处的立杆上；横向扫地杆固定在紧靠纵向扫地杆下方的立杆上。

(3) 开始搭设立杆时，应每隔 6 跨搭设一道抛撑，直到连墙件安装完毕，架体稳定后根据实际情况拆除抛撑。

(4) 立杆接长除顶层相临立杆的对接扣件不得在同一高度内，错开距离不得小于 500 mm；各接头中心至主节点的距离不应大于 500 mm；立杆顶部高出女儿墙 1 m，高出檐口上皮 1.5 m；立杆钢管长度不应小于 6 m。

(5) 纵向水平杆设置在立杆内侧，长度不宜小于 3 跨；纵向水平杆接长采用对接扣件连接；对接扣件应交错布置，两根相邻纵向水平杆的接头不应在同步或同跨内；各接头中心至最近主节点的距离不大于 500 mm。

(6) 横向水平杆：主节点处必须设置一根横向水平杆，用直角扣件扣接且严禁拆除；作业层上非主节点处的横向水平杆，宜根据支撑脚手板的需要等间距设置，最大间距不应大于 750 mm；横向水平杆两端应采用直角扣件固定在纵向水平杆上。

(7) 横向水平杆应设在纵向水平杆与立杆的交点处，与纵向水平杆垂直；横向水平杆端头伸出外立杆 100 mm，伸出内立杆 500 mm。

(8)当搭设至连墙件位置时，在搭设完该处的立杆、水平杆后及时设置连墙件；连墙件宜采用菱形布置，水平间距为 4.5 m，竖向间距为 3.6 m(标准层每层楼板标高处)；首层至三层在外墙柱中部加设一道连墙件；连墙件偏离主节点的距离不应大于 300 mm；由于脚手架搭设高度在 24 m 以上，连墙件采用 ϕ48 钢管，与框架柱、梁固定。

(9)由脚手架两端转角处开始设置剪刀撑，剪刀撑连续设置；剪刀撑应用旋转扣件固定在与之相交的横向水平杆的伸出端或立杆上，旋转扣件中心线至主节点的距离不宜大于 150 mm；钢管接长应用两只旋转扣件搭接，接头长度不小于 1 000 mm；剪刀撑与地面夹角为 50°；立杆每隔 5 跨设置一道剪刀撑；剪刀撑每节两端用旋转扣件与立杆或水平杆扣牢固。

(10)脚手板：作业层脚手板必须满铺、铺稳，离开墙面 200 mm；脚手板可采用对接平铺或搭接；对接平铺时，接头处必须设两根横向水平杆，脚手板外伸长度不大于 150 mm；采用搭接铺设时，接头必须在横向水平杆上，搭接长度不小于 200 mm，其伸出横向水平杆的长度不小于 100 mm；作业层端部脚手板探头不应大于 150 mm。

(11)翻脚手板时，应两人操作，配合协调一致，要按每档由里逐块向外翻，到最后一块时，站到邻近的脚手板上把外面一块翻上去。

(12)外立杆内侧满挂绿色密目安全网，每隔四层满挂水平安全网一道。

(13)脚手架的检查与验收。

1)脚手架及其地基基础应在下列阶段进行检查与验收：基础完工后及脚手架使用前；作业层上施加荷载前；每搭完 10～13 m 高度后；达到最终高度后；遇到六级大风与大雨后。

2)脚手架使用过程中，应定期检查下列项目：杆件的设置和连接，连墙件、支撑、门洞桁架等的构造是否符合要求；地基是否积水，底座是否松动，立杆是否悬空；扣件螺栓是否松动；安全防护是否符合要求；是否超载。

7.5 沙场点兵

7.5.1 脚手架的搭设实训

1. 实训目的

本实训项目是掌握架子工搭设、拆除脚手架的工种技能以及对脚手架实施安全检查技能的重要训练。通过训练，可提高对施工工艺的感性认识，积累施工安全管理经验，并对所学的建筑施工技术、架子构造等有关知识进行深化与拓宽。

2. 实训任务安排及纪律

(1)实训任务安排。根据班级人数确定分组情况，要求每组应安排以下角色：架子工、交底人、领料员、监理员、安全员。

(2)纪律：

要求：(1)穿校服、运动鞋，衣服袖口有缩紧带或纽扣，不准穿拖鞋；(2)留辫子的同学必须把辫子扎在头顶；(3)作业过程必须戴手套、安全帽，涉及高空作业的必须佩戴安全带。

3. 材料及工具准备

(1)材料准备：

1)φ48×3.5钢管：1.2 m、2 m、4 m、6 m。

2)扣件：直角扣件、对接扣件、旋转扣件。

脚手架钢管质量必须符合《碳素结构钢》(GB/T 700—2006)中Q235-A级钢的规定。脚手架钢管的尺寸采用φ48×3.5 mm，长度采用6 m、4 m、2 m及1.2 m几种；6 m管5条、4 m管9条、2 m管15条、1.2 m管8条。直角扣件30个；旋转扣件20个；对接扣件20个；踢脚板10 m、竹芭2条、钢制脚手板1块；安全立网1.8×3 m³张，镀锌铁丝1扎。

(2)工具准备：钢卷尺、墨线盒、扳手。

4. 实训内容

拟搭设的落地式脚手架是由立杆、大横杆、斜杆、小横杆、护栏杆及排竹等组成，如图7-11、图7-12所示。其长6 m、宽1.2 m、高3 m。

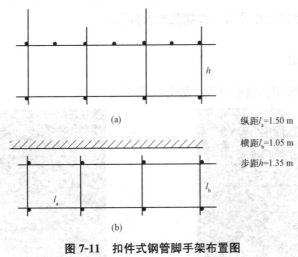

图7-11 扣件式钢管脚手架布置图
(a)立图；(b)平面

5. 搭设顺序

竖向立杆→纵向扫地杆→横向扫地杆→小横杆→大横杆→剪刀撑→连墙件→铺脚手板→扎防护栏杆→扎安全网→自检→考核评定→设置警戒线→拆卸。

6. 搭设与拆除要求

(1)立杆用4 m和6 m两种规格交叉配置，不接长；

(2)纵向水平杆用6 m、4 m、2 m三种规格交叉接长；

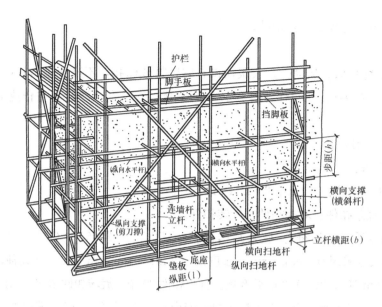

图 7-12 脚手架侧视图

（3）在第一步纵向水平杆适当位置处设置 1 根连墙件；

（4）纵向扫地杆距底座上皮不大于 200 mm，横向扫地杆采用直角扣件固定在紧靠纵向扫地杆下方的立杆上；

（5）拆除要求：经检查评分后，按规范要求拆除。

7.5.2 问题纠错

标记出下图中脚手架搭设的不当之处并说明理由。

_____ _____
_____ _____
_____ _____
_____ _____
_____ _____

7.6 实训自评

表 7-5 为实训自评表,请学生如实填写。

表 7-5 实训自评表

学生自评表(根据实际情况填写表格)			
姓名: 岗位职务: 班级: 学号: 组别:			
目标	能	不全	不会
脚手架的技术要求和工艺的基本知识			
脚手架的安装			
分析并解决脚手架工程常见问题			

针对本次实训的情况作出一个全面的总结,要求字数不少于 500 字。

_____
_____
_____
_____
_____
_____
_____
_____
_____
_____
_____
_____
_____

项目 8　装饰装修工程

8.1　实训目的

了解装饰装修种类及用途；了解装饰装修基本构造；掌握一般楼地面工程、墙面工程、吊顶工程的施工工艺及注意事项。

8.2　实训内容

1. 学习装饰装修工程技术要求的基本知识。
2. 学习装饰装修工程工艺的基本知识。

8.3　实训认知

以××校建筑工程实训室二层楼为对象，通过指导老师现场认知讲解，了解装饰装修相关知识点。收集以下图片。

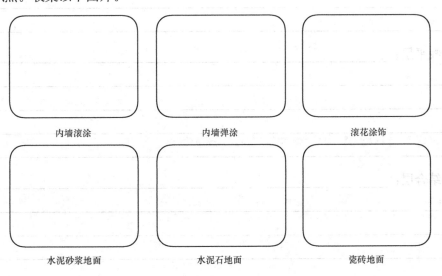

| 内墙滚涂 | 内墙弹涂 | 滚花涂饰 |
| 水泥砂浆地面 | 水泥石地面 | 瓷砖地面 |

铝格栅吊顶　　　　　轻钢龙骨吊顶　　　　　木龙骨吊顶

8.4　知识链接

8.4.1　楼地面工程

1. 楼地面工程构成

楼地面工程包括楼面、地面两大部分。

简要叙述楼地面做法(图 8-1、图 8-2)中相关构造层次的内涵及作用：

(1)垫层：_____

_____

_____

_____。

(2)隔离层：_____

_____

_____

_____。

(3)找平层：_____

_____

_____

_____。

(4)结合层：_____

_____

_____

_____。

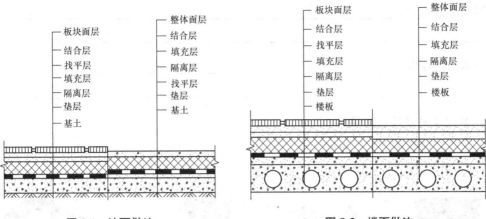

图 8-1 地面做法　　　　　　图 8-2 楼面做法

2. 种类介绍

(1)常见楼地面种类(图 8-3)。

图 8-3 常见的楼地面种类

(a)现浇水磨石地面；(b)水泥砂浆楼地面；(c)块材楼地面；(d)木质楼地面

(2)简述不同种楼地面的优缺点：

1)水磨石地面：_____

_____。

2)水泥砂浆楼地面：_____

_____。

3)块材楼地面：_____

_____。

4)木质楼地面：_____

_____。

3. 施工工艺及注意事项

以水磨石地面施工工艺为例。

(1)常用施工机具如图 8-4 所示。

图 8-4　常用施工机具

(a)砂浆搅拌机；(b)盘式磨石机；(c)石材切割机；(d)手提石材切割机；
(e)水磨石机；(f)钢抹子；(g)靠尺；(h)木抹子；(i)电动打蜡机；
(j)笤帚；(k)橡皮锤；(l)铁锹；(m)水平尺；(n)墨斗；(o)分格条

(2)施工工艺。

水磨石地面构造如图 8-5 所示。

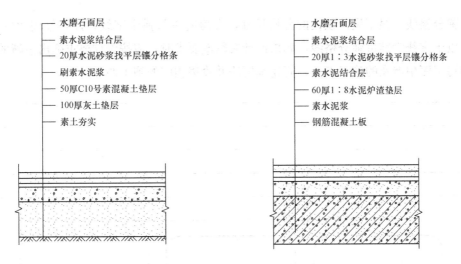

图 8-5 水磨石地面构造

现浇水磨石施工工艺流程：基层处理找平→弹分格线→镶分格条→拌制水磨石拌合料→涂水泥浆结合层→铺水磨石拌合料→滚压抹平→试磨→粗磨→细磨→磨光→草酸清洗→打蜡上光。

1）基层处理找平。

①将基层油污、浮土等用钢丝刷清除、处理完毕后在室内墙面上弹好＋500的水平控制线。

②打灰饼、做冲筋。

③刷素水泥浆结合层。

④铺抹水泥砂浆找平层：找平层用1∶3干硬性水泥砂浆，先将砂浆摊平，再用刮尺按冲筋刮平，随即用木抹子磨平压实，要求表面平整密实、保持粗糙，找平层抹好后，第二天应浇水养护至少1 d。

填写工序中涉及的施工工具，简述其用法并收集相应的施工照片：

_____

_____

_____

_____

_____

2)弹分格线。根据设计预设的分格尺寸,在房间中部弹十字线,计算好周边的镶边宽度后,以十字线为准可弹分格线,如果设计有图案要求时,应按设计要求弹出清晰的线条。

填写工序中涉及的施工工具,简述其用法并收集相应的施工照片:

_____
_____
_____
_____
_____

3)镶分格条。用小铁抹子抹稠水泥浆,将分格条固定在分格线上,抹成30°八字形,高度应低于分格条顶4～6 mm,分格条必须平直通顺,牢固,接头严密,不得有缝隙,作为铺设面层的标志,粘贴分格条时,在分格条十字交叉接头处,在距交点40～50 mm内不抹水泥浆,为了使拌合料填塞饱满,采用铜条时,应预先在两端头下部1/3处打眼,穿入22#镀锌铁丝,锚固于下口八字水泥浆内。镶条后12 h后开始浇水养护,最少2 d,在此期间,房间应封闭,禁止各工序进行作业。

填写工序中涉及的施工工具,简述其用法并收集相应的施工照片:

_____
_____
_____
_____
_____

4)拌制水磨石拌合料(或称石渣浆)。

①拌合料的体积比例采用1∶1.5～1∶2.5(水泥∶石粒),要求计量准确,拌和均匀。

②彩色水磨石拌合料，除彩色石粒外，还加入耐碱、耐光的矿物颜料，掺入量为水泥的 3%～6%，水泥与颜料比例，彩色石子与普通石子比例，在施工前必须经试验后确定。同一彩色水磨石面层应使用同厂、同批颜料。在拌制前，水泥与颜料根据整个面层的需要一次统一配制、配足，配制时不但要拌和，还要用筛子筛匀后，装袋存入干燥的室内备用，严禁受潮。彩色石粒与普通石粒拌和均匀后，集中储存待用。

③各种拌合料在使用时，按配合比加水拌均匀，稠度约为 60 mm。

5) 涂刷水泥浆层。先用清水将找平层洒水润湿，涂刷与面层同品种、同等级的水泥浆结合层，其水胶比宜为 0.4～0.5，要刷均匀，要随刷随铺拌合料，防止结合层风干，导致空鼓。

6) 铺设水磨石拌合料。水磨石拌合料的面层厚度，除特殊要求外，宜为 12～20 mm，并按石粒粒径确定，将搅拌均匀的拌合料，先铺抹分格条边，后铺入分格条方框中间，用铁抹子由中间向边角推进，在分格条两边及交叉处特别注意压实抹平，随抹随用直尺进行平度检查，如有局部铺设过高，应用铁抹子挖去一部分，再将周围的水泥石子拍挤抹平（不得用刮杠刮平）。

几种颜色的水磨石拌合料，不可同时铺抹。要先铺抹深颜色的，后铺抹浅颜色的，待前一种达到施工允许强度后，再铺后一种。

7) 滚压抹平。用滚筒滚压前，先用铁抹或木抹子在分格条两边宽约 100 mm 范围内轻轻拍实（避免将分格条移位）。滚压时用力均匀（要随时清除粘在滚筒上的石渣），应从横竖两个方向轮换进行，达到表面平整、密实，出浆石粒均匀为止。待石粒浆稍收水后，再用铁抹子将浆抹平压实。如发现石粒不均匀处，应补石粒浆，再用铁抹子拍平压实。24 h 后浇水养护。常温养护 5～7 d。

8) 试磨。正式开磨前应进行试磨，以不掉石渣为准，经检查认可后方可正式开磨。

9) 粗磨。第一遍用 60～90♯ 粗砂轮石磨，边磨边加水（可加部分砂，加快机磨速度），并随磨随用水冲洗检查，用靠尺检查平整度，直至表面磨到磨匀，分格条和石粒全部露出（边角处用人工磨成同样效果），检查合格晾干后，用与水磨石表面相同成分的水泥浆，将水磨石表面擦一遍，特别是面层的洞眼小孔隙要填实抹平，脱落的石粒应补齐，浇水养护 2～3 d。

10) 细磨。第二遍用 90～120♯ 金刚石磨，要求磨至表面光滑为止，然后用清水冲净，满擦第二遍水泥浆，仍注意小孔隙要细致擦严密，然后养护 2～3 d。

11) 磨光。第三遍用 180～200♯ 金刚石磨，磨至表面石子显露均匀，无缺石粒现象，平整、光滑、无孔隙为度。

在使用水磨石机时，尽量选用大号水磨石机，并要靠边多磨，减少手提式水磨石机和人工打磨工作量，这样既省工，质量相对也好。普通水磨石面层磨光次数不少于三遍，高级水磨石面层的厚度和磨光遍数及油石规格应根据效果需要确定。

12) 草酸擦洗。为了取得打蜡后显著效果，在打蜡前磨石面层要进行一次适量限度的酸洗，一般均用草酸进行擦洗，使用时先用水加草酸化成约 10% 浓度的溶液，用扫帚蘸后洒在地面上，再用油石轻轻磨一遍，磨出水泥及石粒本色，再用清水冲洗拖布擦干。此道工序必须在所有工种完工后才能进行。经酸洗后的面层不得再受污染。

13)打蜡上光。用干净的布或麻丝沾稀糊状的成蜡，在面层上薄薄地涂一层，要均匀，不漏涂，待干后用钉有帆布或麻布的木块装在磨石机上研磨，用同样的方法再打第二遍蜡，直到光滑洁亮为止。

填写工序中涉及的施工工具，简述其用法并收集相应的施工照片：
_____
_____
_____
_____

8.4.2 墙面工程

1. 概念介绍

墙体的表面分为外墙面和内墙面，外墙面直接接触外界，受到风雪、雨水、冰冻、光照等自然环境的作用，因此，在饰面选材和施工构造方法上，必须对这些客观因素加以考虑。室内环境气候相对稳定，对饰面层的耐候要求相对较低，但由于距人的视距较近，有的可触摸，因此，要求内墙面的观瞻效果更细腻，较低部位要耐磨、耐污染和具有良好的接触感。

外墙面的基本功能有哪些：_____
_____
_____
_____

内墙面的基本功能有哪些：_____
_____
_____
_____

2. 种类介绍

根据所采用的装饰材料、施工方式和本身效果的不同，可将墙面装饰构造分成如图 8-6

所示不同种类。

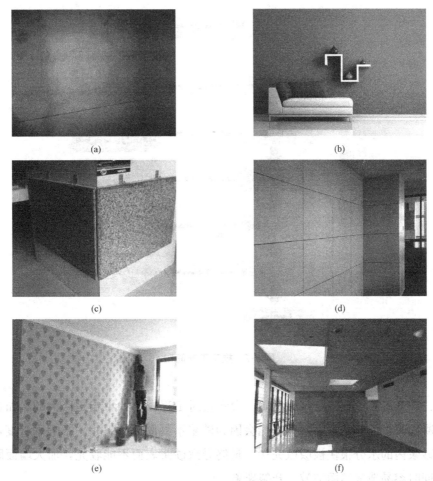

图 8-6　墙面装饰构造

(a)抹灰类墙面装饰构造；(b)涂刷类墙面装饰构造；(c)贴面、钩挂类墙面装饰构造；
(d)贴板类墙面装饰构造；(e)裱糊类墙面装饰构造；(f)清水类墙面装饰构造

3. 施工工艺及注意事项

该实训主要以抹灰类墙面装饰构造和涂刷类墙面装饰构造为主进行示例。

(1)抹灰的概念。抹灰是用各种加色的、不加色的水泥砂浆，或者石灰砂浆、混合砂浆、石膏砂浆、水泥石渣浆等，做成的各种装饰。抹灰层特点：具有造价低廉、施工方便、效果良好等特点，应用最为广泛的装饰形式之一。

(2)墙面抹灰的组成。

1)底灰：与基层粘结和初步找平；根据基层材料的不同选用不同的方法和材料。

2)中灰：进一步找平和减少由于材料干缩引起的龟裂缝；可一次，也可多次抹成，根据墙体的平整度和垂直偏差情况而定。

3)面灰：装饰和保护的作用。外抹灰由于防水抗冻的要求，一般用 1∶2.5 或 1∶3 的水泥砂浆，层厚为 6～8 mm；内抹灰常用石灰类砂浆 1∶1∶4 或 1∶1∶6，层厚为 1～2 mm。

(3)抹灰类墙面施工工艺(图8-7)。

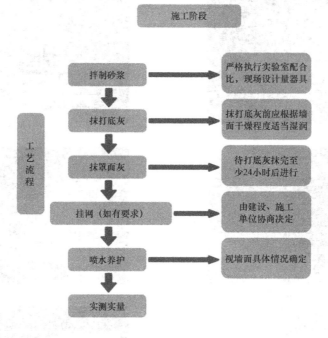

图8-7 施工工艺简图

注意：抹灰施工过程中，基层材质、含水量对工程质量的影响是巨大的。如含水率过高，砂浆凝固慢，尤其是罩面灰，可能会因为砂浆不凝固导致下垂，影响垂直度，而含水率过低，砂浆内的水分很快被吸收完毕，最终导致砂浆表面不能收光，加大墙面腻子的施工难度，同时容易造成墙面空鼓、开裂现象。

1)测量放线。墙身一米线和地面三零控制线是房间开间尺寸、净空尺寸的施工依据，如图8-8所示，尤其是墙身一米线还是外窗安装、地面找平、天花施工的施工依据。目前市面出售的红外扫平仪精度差异较大，因此，墙身一米线建议采用光学水准仪施测。在墙面拉毛、抹灰期间必须予以保留，并移交外窗安装、精装修施工单位。

图8-8 测量放线

2)砂浆搅拌。抹灰砂浆搅拌必须采用机械搅拌,如图 8-9 所示,砂浆搅拌时间不应低于 2 min,对于掺和了防冻剂、粉煤灰等外加剂的砂浆,搅拌时间应延长至 3~5 min。搅拌完毕的砂浆应在 2 h 内用完,当夏季天气炎热时,更应该控制砂浆搅拌量。

图 8-9 砂浆搅拌

为什么搅拌完毕的砂浆应在 2 h 内用完?

_____
_____
_____
_____
_____
_____

3)贴灰饼。分别在门窗口、墙垛、墙面等处吊垂直,并做灰饼,如图 8-10 所示,灰饼宜作成 50 mm×50 mm 规格,面层切齐,间距不宜大于 1.5 m。必须保证抹灰时刮尺能同时刮到两个以上灰饼。贴灰饼工作宜在正式抹灰前 24 h 以上进行。

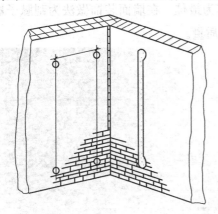 

图 8-10 贴灰饼

贴灰饼的作用：

_____

_____

_____

4）抹打底灰。打底灰每层厚度控制在 5～7 mm，抹灰前需检查墙面拉毛的强度。打底灰抹完后用刮尺找平、找直，用木抹子搓毛，如图 8-11 所示。

图 8-11　抹打底灰

打底灰的作用：

_____

_____

_____

5）抹罩面灰。罩面砂浆每遍厚度一般控制在 5～8 mm，如打底灰已明显干燥，应适当湿润，如图 8-12 所示。抹完后用刮尺刮平，木抹子搓毛。待砂浆表面收水后用铁抹子收光（对于墙面有贴瓷砖要求的直接搓毛即可）。为了避免空鼓、开裂现象的出现，面层不宜过分压光，以表面平整、无明显小凹坑、砂头不外露为最佳。在墙面装饰做法为刮腻子刷涂料的部位，罩面灰已经算是成品，因此一定要严控质量。

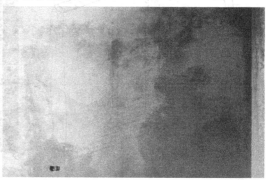

图 8-12　抹罩面灰

6)喷水养护。喷水养护是抹灰工程的又一个重要工序,尤其是对于比较干燥的加气砌块墙,必须加强对抹灰层的养护,如图 8-13 所示。否则,墙面一旦出现反砂现象基本无法弥补,且砂浆失水过快也会引发砂浆强度不足,最终影响装饰效果。养护工作宜在砂浆初凝后进行,至少保持 5 d。

图 8-13 喷水养护

注意事项:

①抹灰工程需留施工缝时,施工缝位置必须切齐,尤其是罩面灰,否则接口部位砂浆无法抹平,直接影响整片墙的平整度。如果多层砂浆都需要留设施工缝,施工缝应错开至少 300 mm。

②为了避免墙面开裂空鼓,可以在罩面砂浆面层增设玻纤网格布一层,以项目实际情况为准。

③当设计图纸有做水泥护角要求时,水泥护角应先做。

④门窗洞口收口时应注意同类型门窗洞口收口尺寸应一致。

⑤每层抹灰结束后,需及时清理开关盒、配电箱内的砂浆。

⑥抹灰层应尽量防止被大风、暴雨等造成快干、水冲、撞击、震动和挤压。

⑦墙角部位应视情况增设木板、PVC 护角。

⑧应避免抹完罩面灰的墙面被人为污染、破坏。

8.4.3 吊顶工程

1. 概念介绍

吊顶指房屋居住环境的顶部装修,具有保温、隔热、隔声、吸声的作用,也是电气、通风空调、通信和防火、报警管线设备等工程的隐蔽层。

2. 种类介绍

吊顶分为直接式和悬吊式。

(1)直接式(图 8-14):直接在屋面板或者楼板结构底面上做饰面材料的室内顶面装饰装

修形式称为直接式天棚(顶面装饰在这种情况下称为"天棚"而不称为"吊顶")。它的优点是结构简单,构造层厚度小,施工方便,材料利用少,施工方便,造价低廉。其缺点是不能隐藏管线、设备。

图 8-14　直接式

(2)悬吊式(图 8-15):各种板材、金属、玻璃等悬挂在结构层上的一种吊顶形式。这种天花富于变化动感,给人一种耳目一新的美感,常用于宾馆、音乐厅、展馆、影视厅等吊顶装饰。常通过各种灯光照射产生出别致的造型,充溢出光影的艺术趣味。其主要由基层、悬吊件、龙骨和面层组成。

图 8-15　悬吊式

3. 相关构件及构造

本实训以悬吊式(图 8-16)为主进行介绍。

(1)轻钢龙骨。按界面形式有 U 形龙骨、C 形龙骨、L 形龙骨,如图 8-17 所示。U 形龙骨为承载龙骨,是骨架主要受力构件。C 形龙骨为覆面龙骨,用作固定饰面层。L 形龙骨为边龙骨,固定边部饰面板。

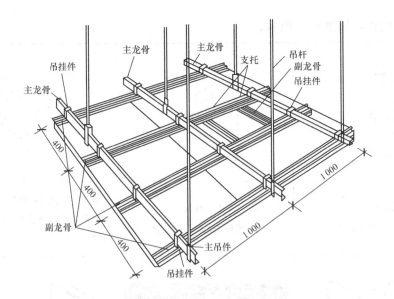

图 8-16 悬吊式吊顶构造

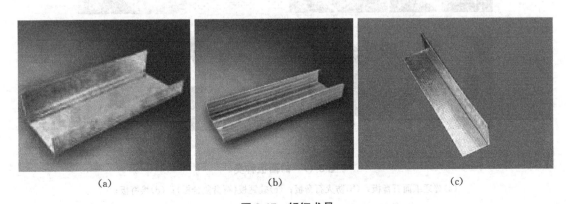

图 8-17 轻钢龙骨

(a)U形龙骨；(b)C形龙骨；(c)L形龙骨

(2)龙骨配件,如图8-18所示。

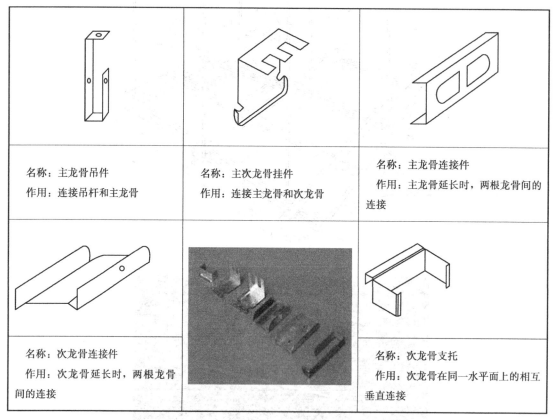

图 8-18 龙骨配件

(3)饰面板(图8-19)。

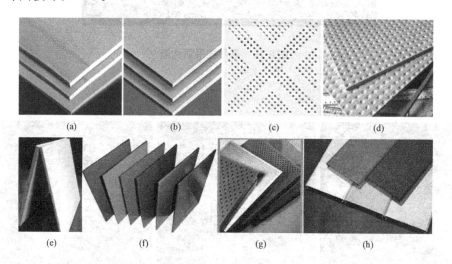

图 8-19 饰面板种类
(a)普通纸面石膏板;(b)防火石膏板;(c)硅钙板(石膏复合板);(d)埃特板;
(e)矿棉板;(f)铝塑板;(g)方形铝扣板;(h)异形长条铝扣板

请指出下列施工机具的名称及作用：

_____　_____　_____
_____　_____　_____
_____　_____　_____
_____　_____　_____
_____　_____　_____
_____　_____　_____
_____　_____　_____

_____　_____　_____
_____　_____　_____
_____　_____　_____
_____　_____　_____
_____　_____　_____
_____　_____　_____
_____　_____　_____

4. 施工工艺及注意事项

工艺流程：弹天棚标高线→划龙骨分档线→安装吊杆→安装主龙骨→安装次龙骨及配件→安装罩面板材。

(1)弹天棚标高水平线。根据室内墙面的"50线"在墙面和柱面上复核量出天棚设计标高,沿墙四周弹出天棚标高水平线,如图8-20所示。

图 8-20　弹标高线

什么是50线?

_____

_____

_____

_____

_____

(2)划分龙骨分档线。按设计要求的龙骨间距,在已弹好的天棚标高水平线上划分龙骨分档线。

(3)安装龙骨吊杆。在吊点位置预埋胀管螺栓或吊钩、埋件,确定吊杆下端的标高,按龙骨位置及吊挂间距,将吊杆焊有角铁的一端与接板膨胀螺栓连接固定,如图8-21所示。

 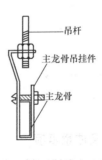

图 8-21　安装龙骨吊杆

吊杆距主龙骨端部距离不得大于＿＿＿＿＿mm，吊杆长度大于＿＿＿＿＿m时，应设置反支撑；吊杆、埋件应进行防锈处理。

什么是反支撑？

＿＿

＿＿

＿＿

＿＿

(4)安装主龙骨。龙骨的安装可先安主龙骨后安次龙骨，也可主次龙骨一次安装；大龙骨与吊杆固定时，应用双螺帽在螺杆穿过部位上、下固定，然后按标高线调整大龙骨的标高；大龙骨的接头位置不允许留在同一直线上，较大的房间应起拱，一般为1/200。

(5)安装次龙骨。按弹好的次龙骨分档线卡放次龙骨吊挂件，将次龙骨通过吊挂件吊挂在主龙骨上，一般间距为600 mm。次龙骨需接长时，用次龙骨连接件，在吊挂次龙骨处相接，调直固定。龙骨的收边分格应放在不被人注意的部位或吊顶的四周。

常用的主次龙骨有哪些规格型号？

＿＿

＿＿

＿＿

＿＿

＿＿

(6)安装罩面板。罩面板的安装有搁置式(图8-22)和锚固式两种。

安装罩面板前须待天棚内的管线验收合格后方可安装。安装前应按罩面板的规格分块弹线，从天棚中间顺通长次龙骨方向先装一行罩面板作为基准，然后向两侧延伸分行安装，石膏板固定的自攻钉间距为150～170 mm。

图8-22 搁置法安装罩面板

8.5 沙场点兵

某大楼底层大厅采取轻钢龙骨纸面石膏板吊顶施工,根据环保、节能、消防等部门的要求,力求施工方便、美观大方、经济实用。针对轻钢龙骨纸面石膏板吊顶天花的施工特点,通过弹线、安装吊件及吊杆、安装龙骨及配件、石膏板安装等施工过程逐步完成。

问题:试确定其施工方案。

8.6　实训自评

表 8-1 为实训自评表，请学生如实填写。

表 8-1　实训自评表

学生自评表（根据实际情况填写表格）				
姓名：	岗位职务：	班级：	学号：	组别：
目标		能	不全	不会
学习装饰装修工程技术要求的基本知识				
学习装饰装修工程工艺的基本知识				

针对本次实训的情况作出一个全面的总结，要求字数不少于 500 字。

参 考 文 献

[1] 杨谦，武强. 建筑施工技术[M]. 北京：北京理工大学出版社，2015.
[2] 中华人民共和国住房和城乡建设部. GB 50204—2015 混凝土结构工程施工质量验收规范[S]. 北京：中国建筑工业出版社，2015.
[3] 中华人民共和国住房和城乡建设部. GB 50203—2011 砌体结构工程施工质量验收规范[S]. 北京：中国建筑工业出版社，2011.
[4] 中华人民共和国住房和城乡建设部. JGJ/T 23—2011 回弹法检测混凝土抗压强度技术规程[S]. 北京：中国建筑工业出版社，2011.
[5] 中华人民共和国住房和城乡建设部. JGJ 130—2011 建筑施工扣件式钢管脚手架安全技术规范[S]. 北京：中国建筑工业出版社，2011.